Innovatives Potenzial- und Kompetenzmanagement

Manuel Schuchna

Innovatives Potenzial- und Kompetenzmanagement

Mit Affinitätenprofilen zu besseren Personalentscheidungen

1. Auflage

Schäffer-Poeschel Verlag Stuttgart

Bibliografische Information der Deutschen Nationalbibliothek

Die Deutsche Nationalbibliothek verzeichnet diese Publikation in der Deutschen Nationalbibliografie; detaillierte bibliografische Daten sind im Internet über http://dnb.dnb.de abrufbar.

Print: ISBN 978-3-7910-4899-4 Bestell-Nr. 14130-0001
ePub: ISBN 978-3-7910-4900-7 Bestell-Nr. 14130-0100
ePDF: ISBN 978-3-7910-4901-4 Bestell-Nr. 14130-0150

Manuel Schuchna
Innovatives Potenzial- und Kompetenzmanagement
1. Auflage, Mai 2020

www.schaeffer-poeschel.de
service@schaeffer-poeschel.de

Produktmanagement: Dr. Frank Baumgärtner
Vorlektorat: Gudrun Brylka, www.phantasie-ohne-grenzen.de;

Schäffer-Poeschel Verlag Stuttgart
Ein Unternehmen der Haufe Group

Inhaltsverzeichnis

Lesehinweise

Dieses Buch kann auf mindestens zweierlei Arten gelesen werden: Leser, die zuerst die Grundlage kennenlernen möchten, bevor sie sich mit Anwendungsfeldern beschäftigen, beginnen mit der Lektüre am besten am Anfang des Buches. Leser, die zuerst an Praxisfällen interessiert sind, bevor sie das Affinitäten-Modell an sich kennenlernen, können gleich zu Kapitel 3 des Buches springen. Wenn letztgenannte Leser aber wissen möchten, auf welche Affinität dieses Vorwärtsspringen hindeutet, sollten sie doch lieber die ersten beiden Kapitel dieses Buches lesen.

Hinweis zu den Praxisbeispielen

Die Praxisbeispiele in diesem Buch sind so beschrieben, dass sie keine Rückschlüsse auf real existierende Personen, Unternehmen oder Organisationen zulassen. Da die Problemstellungen der aufgeführten Beispiele in der Praxis jedoch nicht selten auftreten, ist die Wahrscheinlichkeit groß, dass Ähnlichkeiten und Parallelen zu realen Situationen herausgelesen werden können. Dennoch sind derartige Ähnlichkeiten und Parallelen mit real existierenden Personen, Unternehmen oder Organisationen rein zufällig.

Gender-Hinweis

Dieses Buch soll die Gleichberechtigung der Geschlechter unterstützen. Dennoch wurde aus Gründen der besseren Lesbarkeit bei den Formulierungen oft nur eine Geschlechterform gewählt. Damit soll jedoch keine Benachteiligung des jeweils anderen Geschlechts ausgedrückt werden.

1 Wozu ein weiteres personaldiagnostisches Modell?

Potenzial- und Kompetenzmanagement kann sehr unterschiedlich interpretiert und angewendet werden. Diese beiden Begriffe können bei manchen Menschen mit entsprechenden Vorerfahrungen das Bild eines bürokratischen oder betriebswirtschaftlich komplizierten Verwaltungsapparates hervorrufen. Es mag sein, dass es Unternehmen und Organisationen gibt, die Derartiges konstruiert haben. Anleitungen für Verwaltungsapparate enthält dieses Buch nicht, denn im Kern geht es um die richtige Einschätzung und die geschickte Steuerung der schlummernden und vorhandenen Fähigkeiten und Fertigkeiten von Menschen. All das zielt darauf ab, Personen passend zu ihren Potenzialen und Kompetenzen einzusetzen, um die beabsichtigten Leistungen hervorzubringen. Dabei ist es unerheblich, ob es um die Potenziale und Kompetenzen einer Einzelperson oder von Teams eines Großkonzerns geht, ob um Menschen auf der Suche nach der passenden Ausbildung oder um die Neuausrichtung von »alten Hasen«.

Ausgangspunkt für das Potenzial- und Kompetenzmanagement bildet im Normalfall der Bedarf an Kompetenzen zum Hervorbringen gewünschter Resultate. Damit verbunden ist die Frage nach der Passung von Personen zu Tätigkeitsfeldern und umgekehrt. Am Ende jedes einzelnen Vorgangs, der durch diese Frage angestoßen wird, steht in der Regel eine Antwort in Form einer Personalentscheidung. Der Begriff *Personalentscheidung* ist dabei mindestens in zwei Richtungen zu verstehen. Auf der einen Seite treffen Arbeitgeber, Führungskräfte und Personalrecruiter diese Entscheidung. Auf der anderen Seite trifft auch jeder Arbeitnehmer für sich eine Personalentscheidung – auch wenn Letztere nur selten so bezeichnet wird.

Solche teilweise sehr weitreichenden Entscheidungen sollten gut überlegt sein. Aber was bildet die Grundlage für derartige Entscheidungen? Für manche Menschen ist es das sprichwörtliche »Bauchgefühl«, andere gehen analytischer vor.

Wenn die Arbeitswelt – egal ob im kommerziellen Bereich oder in Non-Profit-Organisationen – ein statischer Zustand wäre, ergäbe sich für diese Zuordnung von Personen zu Tätigkeitsfeldern und die damit verbundenen Entscheidungen jeweils nur ein einmaliger Vorgang. Aber indem sich die Arbeitswelt mit ihren Tätigkeitsfeldern in einem ständigen Wandel befindet und Menschen – zum Glück – ihre Potenziale entfalten und Kompetenzen entwickeln, ist als Antwort auf diese dynamische Arbeitswelt eine analytische und gezielte Steuerung erforderlich.

Wer dabei innovative Wege gehen möchte, um zu besseren Lösungen zu gelangen, kann nicht nur einfach die vorhandenen Instrumente und Methoden etwas optimieren. Die betriebswirtschaftlichen Anforderungen der Unternehmen hätten ein Brachliegen von Verbesserungsmöglichkeiten gar nicht zugelassen. Insofern liegt die Vermutung nahe, dass sich auch in diesem Fall die wirklich innovativen Lösungen außerhalb des bisherigen Betrachtungsrahmens befinden.

Wie jemand mit bestehenden Ansätzen umgeht und ob jemand zu neuen Lösungen kommt, hängt maßgeblich von den – bewusst oder unbewusst eingesetzten – Denkmodellen ab.

Für professionelle Personalentscheider bilden vor allem die personaldiagnostischen Modelle die Grundlage. Da diese Modelle und die darauf aufbauenden Instrumente bei Personalexperten bekannt sind und teilweise über Jahrzehnte hinweg optimiert wurden, erfordern innovative Lösungen auf diesem Gebiet einen neuen Betrachtungsrahmen, eine neue Perspektive, ein neues Denkmodell. Aber wer braucht schon ein weiteres diagnostisches[1] Modell? Antwort: Niemand braucht ein weiteres Modell derselben Art, von der es bereits zahlreiche gibt.

Aus jahrelanger theoretischer und praktischer Erfahrung mit diagnostischen Modellen kann ich aber sagen, dass gerade die Fragen zur konkreten Eignung einer Person zu einem spezifischen Aufgabenspektrum von den weitverbreiteten Persönlichkeitsmodellen nicht oder nur sehr abstrakt beantwortet werden können. Bei überfachlichen Aufgaben und Kriterien wie beispielsweise Kontaktverhalten, Belastbarkeit, Kooperationsfähigkeit oder Gewissenhaftigkeit gibt es sehr gute diagnostische Modelle. Aber für die themen- und fachspezifische Eignung? Im riesigen Markt der diagnostischen Modelle und ihrer Anbieter müsste sich doch für jeden Anwendungsfall ein geeignetes Modell finden. Müsste. Tut es aber nicht. Was man findet, sind Persönlichkeitsmodelle en masse, darunter auch einige wenige gute. Aber eben nur *Persönlichkeits*-Modelle und keine *Affinitäten*-Modelle. Bei den Persönlichkeitsmodellen geht es – wie der Name schon sagt – weitestgehend um Persönlichkeits-, Charakter- und Verhaltensmerkmale.

Niemand braucht ein weiteres Modell derselben Art, von der es bereits zahlreiche gibt.

Was fehlt, ist eine Antwort auf die Frage nach der Eignung und der Motivation für bestimmte Themen – und das im Zusammenhang mit individuellen Arbeitsweisen, bei denen am Ende ein sinnvolles Ergebnis herauskommen soll. Welche Affinitäten es gibt und welche es braucht, um nutzbare Resultate hervorzubringen und wie Menschen und Aufgaben in sinnvolle Passung zueinander gebracht werden können, ist Ziel und Inhalt dieses Buches.

Die aus dem Affinitäten-Modell abzuleitenden Affinitätenprofile bilden die Grundlage für die verschiedenen Anwendungsfelder, die in diesem Buch beschrieben werden. Insofern behandelt das Buch zunächst das Affinitäten-Modell als innovatives personaldiagnostisches Konzept, bevor die praktische Anwendung der Affinitätenprofile vorgestellt wird.

1 Die Begriffe »Personaldiagnostik«, »Eignungsdiagnostik« und »Diagnostik« werden in diesem Buch parallel verwendet. »Diagnostik« ist dabei die verkürzte Bezeichnung, da aus dem Kontext des Buches hervorgeht, was Gegenstand der Diagnostik ist. »Eignungsdiagnostik« bezieht sich vorrangig auf die Einschätzung der *Eignung* einer Person für eine konkrete Aufgabe oder Rolle, während »Personaldiagnostik« der übergeordnete Begriff ist, der auch unabhängig von der Frage nach der Eignung Themen wie beispielsweise die Analyse von Teamproblemen beinhalten kann.

1.1 Der Unterschied zu Persönlichkeitsmodellen

Das Affinitäten-Modell ist nicht als ein weiteres Konzept in der Reihe der vorhandenen zu sehen, sondern als ein völlig andersartiges Modell. Entstanden ist es nicht in Anlehnung an andere Persönlichkeitsmodelle, sondern aus Ermangelung eines geeigneten vorhandenen Modells. Es geht auch nicht um *Persönlichkeit*, sondern um *Affinität* – darum Affinitäten-Modell. *Affinität* ist abgeleitet vom Lateinischen »affinitas« – Schwägerschaft – und bezeichnet also eine bestimmte Art von persönlicher Beziehung. Beim Affinitäten-Modell geht es um die persönliche, motivierende Beziehung, Neigung und das Angezogensein eines Menschen von spezifischen fachlich-thematischen Aufgabenfeldern und Arbeitsweisen. In diesem Modell wird der Begriff *Affinität* als Verbindung von Kompetenzmotivation und Fähigkeitspotenzial für bestimmte Tätigkeitsfelder verstanden, verknüpft mit dem Ziel, nutzbare Ergebnisse hervorzubringen.

Affinität ist die Verbindung von Kompetenzmotivation und Fähigkeitspotenzial.

Dabei ist die Kompetenzmotivation im Sinn einer grundlegenden Anziehungskraft Voraussetzung, um Kompetenzen effektiv entwickeln und einsetzen zu können. Je nach Anwendungsfall des Affinitäten-Modells kann der Fokus eher auf dem noch verborgenen Potenzial liegen oder auf der bereits praktisch unter Beweis gestellten Kompetenz. Ersteres kann beispielsweise bei Berufsberatung und Stellenbesetzung der Fall sein, Letzteres bei Restrukturierungen eines Teams oder im Kompetenzmanagement.

Als Kompetenz wird in diesem Buch eine bewusst oder unbewusst abrufbare Fähigkeit zum Erbringen einer erwünschten Leistung verstanden.

Zu Themen, die für einen Menschen einen Wert darstellen, lassen sich tendenziell auch leichter Fähigkeiten entwickeln. Das gilt gleichermaßen für den Wert und die Attraktivität, die jemand Tätigkeiten und damit verbundenen Kompetenzen beimisst. Jemand, der Menschen nicht mag und der für den Begriff »Empathie« nur ein mitleidig gequältes Lächeln übrig hat, wird auch nach intensiven Sozialkompetenz-Schulungen kein Menschenfreund werden. Das ist keine Frage von Intelligenz, sondern von Kompetenzmotivation, also dem Wert und der Attraktivität, die jemand einer (zu erlangenden) Kompetenz beimisst.

Ob jemand tatsächlich eine Kompetenz im Sinne einer abrufbaren Fähigkeit besitzt, kann mit keinem Modell überprüft werden. Aber ob jemand das Potenzial hat, bestimmte Kompetenzen zu entwickeln, und ob jemand geeignet ist, konkrete Kompetenzen praktisch anzuwenden, das lässt sich durchaus sehr gut prognostizieren. In diesem Sinn ist das Affinitäten-Modell ein Instrument, um die Kompetenzmotivation und die Eignung von Personen für bestimmte Tätigkeitsfelder zu ermitteln.

Das Affinitäten-Modell ist ein praktisches Konzept, das die Fragen von Arbeitgebern, Führungskräften, Personalentscheidern, Studienfach-Auswählern, Absolventen, beruflichen Neu-Orientierern, Coaches, Beratern und vielen anderen beantworten kann, auf die Persönlichkeitsmodelle keine oder nur sehr vage Antworten haben. Heißt das, dass Persönlichkeitsmodelle schlecht oder unwichtig sind? Keinesfalls. Persönlichkeitsmodelle sind gut und wichtig – zumindest die qualitativ hochwertigen –, um Persönlichkeitsmerkmale zu beurteilen. Das Affinitäten-Modell fokussiert auf *die* Fragestellungen, auf die die Persönlichkeitsmodelle gar keine Antwort geben wollen und können.

Das Affinitäten-Modell fokussiert auf Fragestellungen, auf die Persönlichkeitsmodelle gar keine Antwort geben wollen und können.

1.2 Agiles Potenzial- und Kompetenzmanagement

Das Affinitäten-Modell geht weit über die unmittelbare Eignungsdiagnostik im Rahmen der Stellenbesetzung hinaus. Das Ziel von Modellen ist es, die Komplexität der Wirklichkeit handhabbar zu machen. Während Persönlichkeitsmodelle Charaktereigenschaften und Verhaltensmerkmale greifbar machen, geht es beim Affinitäten-Modell um die Komplexitätsreduktion von themen- und fachspezifischen Tätigkeitsprofilen. Die daraus resultierende Grundstruktur ist gerade angesichts der Vielfalt und Veränderungsgeschwindigkeit von Berufsbildern sehr hilfreich, um unabhängig von Ausbildungsabschlüssen, Studienfächern und Stellenbezeichnungen Potenzial- und Kompetenzmanagement betreiben zu können. Während die Akkreditierung von Ausbildungs- und Studienabschlüssen mehr Zeit benötigt, als es die schnellen Veränderungsprozesse in Industrie und Wirtschaft verlangen, fordern bereits seit längerer Zeit die industriellen Qualitätsnormen ein Kompetenzmanagement, das damit Schritt halten kann. Aber wie kann ein Unternehmen Tausende von Fachkompetenzen einschließlich ihrer permanenten Veränderungen steuern? Die Baukasten-Struktur des Affinitäten-Modells bietet eine Antwort, um Potenziale und Kompetenzen agil zu managen.

Mit der Baukasten-Struktur des Affinitäten-Modells lassen sich Potenziale und Kompetenzen agil managen.

Das Affinitäten-Modell ist die Voraussetzung für die darauf basierende Personaldiagnostik, und das Verständnis dieser Diagnostik ist seinerseits Voraussetzung für alle darauf aufbauenden Anwendungsfelder. Potenzial- und Kompetenzmanagement stellt einerseits ein eigenes Anwendungsfeld dar, andererseits kann es die übrigen Anwendungsfelder integrieren und so auch als Gesamtsystem aller beschriebenen Einsatzbereiche verstanden und genutzt werden. Entsprechend dieser Logik wird die konkrete Anwendung von Potenzial- und Kompetenzmanagement erst nach den anderen Anwendungsfeldern vorgestellt.

1.3 Was Führungskräfte und Personalentscheider erwarten

Mit bunt gestalteten Werbeflyern preisen Eignungsdiagnostiktest-Anbieter ihre Leistungen an. Und es werden genau *die* Anwendungsfälle benannt, für die Personalentscheider eine fundierte Entscheidungsgrundlage herbeisehnen: Personalauswahl, Potenzialanalysen, Eignungsfeststellung und so manches mehr. Das klingt vielversprechend. Der Laie lässt sich womöglich schnell überzeugen. Der erfahrene Personalentscheider stellt dann aber die entscheidende Frage: »Und wie bekomme ich heraus, ob ein Bewerber eher für handwerkliche Tätigkeiten geeignet ist oder für das Erstellen von technischen Zeichnungen oder ob er tendenziell das Potenzial zum Softwareentwickler hat?« »Das bekommen Sie mit keinem diagnostischen Verfahren heraus«, lautet die Antwort des ehrlichen Diagnostikanbieters. Unbefriedigende Antwort. Alternative Vorschläge verweisen auf ganz spezielle Fähigkeitstests, die jeweils *eine* bestimmte Fähigkeit überprüfen. Andere Alternativen sind Arbeitsproben, Probearbeiten und ähnliche nicht universell einsetzbare Methoden.

Ganz schwierig wird es bei der Berufs- und Karriereberatung, bei der eine Person wissen möchte, welcher Beruf, welche Tätigkeitsfelder zu ihr passen. Mit Arbeitsproben und speziellen Fähigkeitstests kommt man hier ohnehin nicht weiter. Erstere liegen bei Berufseinsteigern nicht vor. Aber auch bei Berufserfahrenen zeigen Arbeitsproben nur, was jemand aufgrund seines speziellen Arbeitsplatzes *bisher* gemacht hat. Sie zeigen jedoch nicht die Bandbreite dessen, was jemand machen *könnte* und wofür er eine Affinität besitzt. Oftmals sind Arbeitsproben mehr aus der Pflicht zur Leistungserbringung entstanden als aus Motivation. Aus derartigen Arbeitsproben lässt sich höchstens schließen, was zu einer Person *nicht* passt, weil sie schlechte Erfahrungen damit gemacht hat. Aber auch das wäre ohne fundierte Analyse Mutmaßung. Und Fähigkeitstests für alle infrage kommenden Einsatzfelder sind allein aus Zeitgründen keine Lösung.

Die Ausgangslage stellt sich folgendermaßen dar: Es gibt in Industrie, Wirtschaft, Non-Profit-Organisationen und auf der Seite der arbeitswilligen Menschen durchaus Bedarf an Instrumenten, die Antworten auf die Frage nach den passenden Aufgaben, Tätigkeitsfeldern und Jobs für eine Person geben. Viele Personaldiagnostiker versprechen auch, derartige Antworten liefern zu können.

Eignungsdiagnostische Ergebnisse beantworten nur selten die Fragen der Personalentscheider.

Aber zwischen den diagnostischen Ergebnissen und den erhofften Antworten gibt es oft eine unbefriedigende Lücke.

Arbeitgebern, Führungskräften und anderen betriebswirtschaftlich orientierten Personalentscheidern geht es bei Personalentscheidungen fast immer um die Prognose, ob eine Person, ein Bewerber bestimmte Leistungen erbringen kann, will und wird. Die Erwartungshaltung an den Personaldiagnostiker ist, auf diese Frage eine möglichst konkrete, praxisnahe und verständliche Antwort zu geben. Die Rolle des Diagnostikers ist es, analytisch gewonnene Informationen über die betreffende Person beizusteuern. Sofern die Diagnostik-Informationen die oben genannte Erwartungshaltung der Personalentscheider erfüllen, ist das gut. Erfahrungsgemäß ist das aber trotz guter Vorsätze der Diagnostiker eher selten der Fall.

Warum aus Sicht von Arbeitgebern und Führungskräften die beschriebene Fragestellung oft nur unzureichend oder unbrauchbar von Diagnostikern beantwortet wird, hängt von der Perspektive der Fragestellung ab. Folgendes Gedankenmodell soll die unterschiedlichen Perspektiven transparent machen.

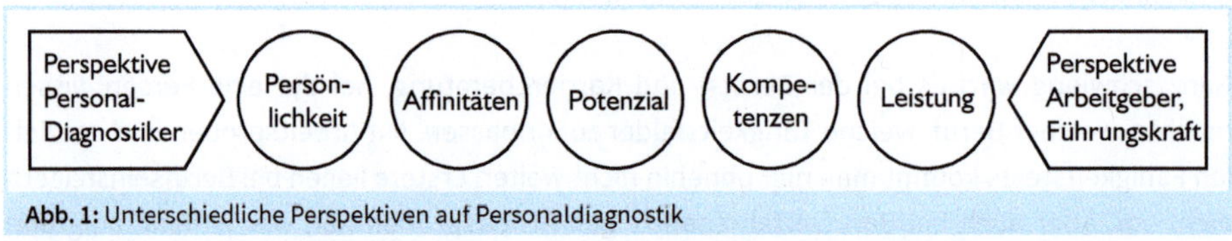

Abb. 1: Unterschiedliche Perspektiven auf Personaldiagnostik

Der Diagnostiker schaut aufgrund seiner Erfahrungen mit Persönlichkeitsmodellen zunächst auf Persönlichkeitsmerkmale. Die Führungskraft fokussiert vor allem auf die erwartete Leistung. Es ergeben sich folgende Schritte von der einen zur anderen Seite:

- Persönlichkeit:
  Welche Persönlichkeitsmerkmale hat die Person? (z. B. introvertiert, konfliktscheu)
- Affinitäten:
  Hat die Person Interesse und die Motivation, bestimmte Kompetenzen zu erlernen und einzusetzen? (z. B. Zahlen-Affinität)
- Potenzial:
  Könnte die Person perspektivisch die erforderlichen Kompetenzen entwickeln, um die gewünschten Leistungen zu erbringen? (z. B. Führungspotenzial)
- Kompetenzen:
  Besitzt die Person die abrufbaren Fähigkeiten, um die gewünschten Leistungen zu erbringen? (z. B. Konfliktlösungs-Kompetenz)
- Leistung:
  Zeigt die Person die geforderten Leistungen? (z. B. hergestellte Produkte in Quantität und Qualität)

Je weiter sich der Personaldiagnostiker mit seiner Perspektive in Richtung der Perspektive des Arbeitgebers bewegt, desto mehr wird seine diagnostische Einschätzung beachtet werden.

Je mehr der Diagnostiker die Perspektive des Arbeitgebers einnimmt, desto mehr Beachtung findet die Diagnostik.

Personaldiagnostiker, die nur bei der Persönlichkeitsbeschreibung stehen bleiben, aber keine Aussagen über prognostizierte Kompetenzentwicklung oder gar über zu erwartende Leistungen wagen, brauchen sich nicht zu wundern, wenn Führungskräfte und Arbeitgeber wenig Sinn in der Personaldiagnostik sehen. Denn am Ende geht es für Führungskräfte immer um die Leistung, die ein Bewerber, ein Mitarbeiter erbringen wird.

Sofern es um überfachliche Kompetenzen geht, liefern Persönlichkeitsmodelle und damit verbundene Testverfahren hilfreiche Informationen, um auf das Potenzial zu schließen. Nur wenige Anbieter wagen dann auch eine Kompetenz- oder gar Leistungsprognose. Die Frage nach dieser Prognose ist aber das Mindeste, was Arbeitgeber und Führungskräfte vom Diagnostiker beantwortet haben möchten.

Bei fachspezifischen Themen greifen die üblichen Persönlichkeitsmodelle nicht. Ob eine Person tatsächlich die gewünschte Leistung abliefert, wird erst das Tagesgeschäft zeigen, und es wäre vermessen, eine absolute Zukunftsschau von der Diagnostik zu erwarten. Die tatsächliche Leistung ist dafür zu sehr von einer Vielzahl von Einflussfaktoren abhängig, die diagnostisch gar nicht ermittelt werden können. Gerade aber bei themen- und fachspezifischen Aufgabenbereichen sollte zumindest die Frage der Eignung und Motivation durch Personaldiagnostik beantwortet werden. Und an dieser Stelle setzt das Affinitäten-Modell an.

1.4 Was Persönlichkeitsmodelle leisten

Die Vielzahl der entwickelten und am Markt angebotenen Modelle und damit verbundenen Tests lässt kaum eine eindeutige Strukturierung zu. Die nachfolgende Einteilung erscheint aber dennoch hilfreich, um sich in der Landschaft der Persönlichkeitsmodelle zu orientieren. Neben dem Körpersäfte-Modell (Phlegmatiker, Sanguiniker, Choleriker, Melancholiker) von Hippokrates aus der griechischen Antike ist es vor allem die Persönlichkeitstheorie von C. G. Jung (1921), die für viele Modelle Pate stand. Für detaillierte Beschreibungen der historischen Entwicklung und der Spezifikationen der einzelnen Modelle sei hier auf die einschlägige Literatur verwiesen.

1.4.1 Eigenschaftsskalen-Modelle

Grundstruktur dieser Modelle sind verschiedene Eigenschaften, denen jeweils eine Skala zugeordnet ist. Dabei gibt es einige Konzepte, die die Ausprägung der Eigenschaften jeweils auf Skalen von »schwach« bis »stark« abbilden. Bei anderen Modellen bestehen die Skalen jeweils aus einem Begriffspaar, das die Pole der Skala bildet, z.B. introvertiert – extrovertiert, bewahrend – forschend. Die individuellen Werte einer Person werden durch unterschiedlich starke Ausprägungen auf den Skalen dargestellt. Diese Modelle beschreiben in der Regel Aspekte, die weitestgehend als Persönlichkeits-, Charakter- und Verhaltensmerkmale zusammengefasst werden können.

Darauf aufbauend sind für bestimmte Kompetenzen durchaus Potenzialaussagen möglich. So lässt sich beispielsweise aus einem stark ausgeprägten Wert auf der Skala »introvertiert« schließen, dass die betreffende Person weniger für kontaktintensive Kompetenzen (z.B. Kommunikation, Moderation, Sprechen vor Publikum) geeignet ist. Eine Prognose über themen- und fachspezifische Eignung liefern diese Modelle nicht.

Eigenschaftsskalen-Modelle gibt es in unterschiedlicher Form. Meistens sind mehrere Skalen unabhängig voneinander unter- oder nebeneinander aufgelistet. Es gibt aber auch Modelle, bei denen aus zwei Skalen ein Koordinatensystem erstellt wird. Das erzeugt zwar grafisch interessante Zusammenhänge, begrenzt aber gleichzeitig diese Modelle auf nur zwei Skalen – die horizontale und die vertikale Koordinatenachse.

Als Beispiele für Eigenschaftsskalen-Modelle sind zu nennen:

- Big Five[2]
- DISG[3]
- Bochumer Inventar[4]

Zu beachten ist hierbei die sehr unterschiedliche Güte und Aussagekraft der Modelle und der damit verbundenen Testverfahren. Eine wissenschaftlich und praktisch weitestgehend positive Beurteilung hat das Big-Five-Modell[5], das auch die Grundlage für viele andere Modelle bildet.

1.4.2 Wertebasierte Modelle

Grundstruktur dieser Modelle ist ein Wertesystem. Dabei werden aus den Abweichungen zwischen einem Ideal-Wertemodell und den Wertevorstellungen der betreffenden Person Rückschlüsse auf Kompetenz-Potenziale und andere Eigenschaften gezogen. Ein Grundansatz ist dabei die Erkenntnis, dass Kompetenzen, die für eine Person einen positiven Wert darstellen, auch leichter erlernbar sind und intrinsisch motiviert ausgeübt werden. Sofern jemand

2 Vgl. Howard, Pierce J. und Mitchell Howard, Jane: Führen mit dem Big-Five-Persönlichkeitsmodell, Frankfurt/New York, 2002.

3 Vgl. Seiwert, Lothar und Gay, Friedbert: Das 1 × 1 der Persönlichkeit, 20. Aufl., Remchingen, 2012.

4 Vgl. Kanning, Uwe Peter und Kempermann, Hang (Hrsg.): Fallbuch BIP. Das Bochumer Inventar zur berufsbezogenen Persönlichkeitsbeschreibung in der Praxis, Göttingen, 2012.

5 Vgl. Brodbeck, F. C. und Mendius, M.: Erfolg dank Wirtschaftspsychologie? Chancen und Herausforderungen, Wirtschaftspsychologie aktuell 1/2010, S. 18.

beispielsweise praktischen Ergebnissen keinen hohen Wert beimisst – sondern eher theoretischen Auseinandersetzungen – wird die betreffende Person aller Voraussicht nach keine hohe praktische Umsetzungsstärke zeigen, sie hat aber durchaus Potenzial für analytische Kompetenzen. Eine Prognose über themen- und fachspezifische Eignung liefern diese Modelle nicht.

Als Beispiele für wertebasierte Modelle sind zu nennen:
- Profilingvalues[6]
- WerteCockpit

1.4.3 Bedürfnisbasierte Modelle

Grundstruktur dieser Modelle ist eine Anzahl unterschiedlicher Arten von Bedürfnissen, z. B. Bedürfnis nach Sicherheit, Anerkennung und Macht. Die Informationen über bestimmte Bedürfnisse eines Menschen sind hilfreich, um zu verstehen, was jemanden motiviert und wofür er Energie aufwendet. Einer Person mit einem starken Bedürfnis nach Ausübung von Macht nur untergeordnete administrative Aufgaben zu geben, wäre sicherlich nicht zielführend. Gleichzeitig kann im praktischen Ausleben dieser Bedürfnisse auch ein Risiko für sich und andere liegen, was am Beispiel des Bedürfnisses nach Macht unschwer erkennbar sein dürfte. Eine Prognose über themen- und fachspezifische Eignung liefern auch diese Modelle nicht.

Als Beispiele für bedürfnisbasierte Modelle sind zu nennen:
- Reiss Profile[7]
- Maslow'sches Modell

1.4.4 Rollen- oder Typen-Modelle

Grundstruktur dieser Modelle ist eine Anzahl unterschiedlicher Rollen oder Typen, denen bestimmte Eigenschaften zugeordnet werden. Dabei liegt der Fokus vor allem auf Verhaltensmustern und Charaktereigenschaften, aus denen sich für die Eignungsdiagnostik durchaus Schlussfolgerungen für überfachliche Kompetenzen ziehen lassen. Eine Prognose über themen- und fachspezifische Eignung liefern diese Modelle nicht.

Als Beispiele für Rollen- oder Typen-Modelle sind zu nennen:
- Enneagramm[8]
- MBTI

---

6 Vgl. Vogel, Ulrich: Profilingvalues: Handbuch. System, Anwendungen und Interpretation des Reports, Santa Cruz de Tenerife, 2018.

7 Vgl. Reiss, Steven: Das Reiss Profile, Offenbach, 2009.

8 Vgl. Rohr, Richard und Ebert, Andreas: Das Enneagramm: Die 9 Gesichter der Seele, 46. Aufl., München, 2010.

- Insights
- Grundformen der Angst[9]
- Teamrollen nach Belbin[10]

1.4.5 Fazit

Die aufgeführten Persönlichkeitsmodelle und Typologien zielen weitestgehend auf die Einordnung von Charakter und Verhalten ab, weshalb die Frage nach themen- und fachspezifischer Eignung weder Ziel dieser Modelle ist noch dazu verwendet werden kann.

1.5 Interessenorientierte Modelle

Die Suche nach Modellen, die eher die themen- und fachspezifische Eignung im Fokus haben, liefert sehr überschaubare Ergebnisse: Den Gallup bzw. Clifton Strengthsfinder[11] und das RIASEC-Modell von Holland[12], wobei der Strengthsfinder im eigentlichen Sinne auf Stärken fokussiert und nicht auf Interessen. Aber aufgrund der geringen Ausbeute bei der Suche nach interessenorientierten Modellen sei der Strengthsfinder hier auch aufgeführt.

1.5.1 Der Gallup oder Clifton Strengthsfinder

Die Werbetexte beschreiben den Strengthsfinder als Instrument zum Herausfinden von Stärken. Dabei bleibt zunächst offen, was mit Stärken gemeint ist – Charakterstärken, Kompetenzen, fachspezifische Stärken? Auch bei näherer Betrachtung ist es kaum möglich, ein durchgehendes Strukturprinzip hinter dem Stärken-Katalog des Strengthsfinders zu erkennen. Es handelt sich vielmehr um eine empirisch zusammengestellte Liste von Stärken, die eine Mischung aus Charakterstärken, Persönlichkeitseigenschaften und Fähigkeiten darstellt.

Für Führungskräfte und Personalentscheider wird jedoch nicht deutlich, ob das, was jemand mit diesem Instrument als persönliche Stärke identifiziert, tatsächlich auch eine Kompetenz im Sinne einer für das Unternehmen nutzbringenden, bewusst abrufbaren Fähigkeit darstellt. Bestimmte Stärken, wie beispielsweise »Strategie«, können im weitesten Sinn auch für die Frage der fachlichen Eignung herangezogen werden. Im engeren Sinn liefert der Strengthsfinder jedoch keine Prognose über die themen- und fachspezifische Eignung. Damit ist der

9 Vgl. Riemann, Fritz: Grundformen der Angst, 36. Aufl., München, 2003.
10 Vgl. Belbin, R. Meredith: Team Roles at Work, 2. Aufl., Oxford, 2010.
11 Vgl. Buckingham, Marcus und Clifton, Donald O.: Entdecken Sie Ihre Stärken jetzt! Das Gallup-Prinzip für individuelle Entwicklung und erfolgreiche Führung, 5. Aufl., Frankfurt am Main, 2016.
12 Vgl. Joerin Fux, Simone: Persönlichkeit und Berufstätigkeit. Theorie und Instrumente von John Holland im deutschsprachigen Raum, Göttingen, 2005.

Strengthsfinder keinesfalls ein schlechtes Instrument. Aber seine Einsatzfelder liegen in anderen Bereichen als in der eingangs beschriebenen Zielsetzung.

1.5.2 Das RIASEC-Modell von Holland

Das von John Holland in den 1970er Jahren entwickelte RIASEC-Modell ist weitestgehend das einzige Modell, das auf themenbezogene berufliche Interessen abzielt. Die sechs Interessensorientierungen, deren Anfangsbuchstaben den Modell-Namen ergeben, bilden eine hilfreiche Grundstruktur für die themen- und fachspezifische Einordnung: R = Realistic (praktisch-technisch), I = Investigative (beobachtend-forschend), A = Artistic (künstlerisch-sprachlich), S = Social (sozial), E = Enterprising (unternehmerisch), C = Conventional (verwaltend).

Für eine grobe Berufsorientierung kann das RIASEC-Modell durchaus verwendet werden. Für eine spezifischere Diagnostik ist es jedoch schwierig, eine stringente Logik zu erkennen.

Dazu ein Beispiel: In der Kategorie »A: Artistic, künstlerisch« werden die Berufe bzw. Interessensrichtungen zusammengefasst, die künstlerisches Schaffen und Kreativität beinhalten. In den Listen von zugeordneten Berufen finden sich beispielsweise Musiker, Schriftsteller, Bildhauer.

Folgende Überlegung soll das Problem dieser Zuordnung verdeutlichen: Es gibt nicht wenige Musiker, die ihr Instrument technisch einwandfrei beherrschen, den richtigen Ton zum richtigen Zeitpunkt in der richtigen Intensität und Länge erklingen lassen, gemäß Notenblatt spielen, aber kein Interesse, keine Kompetenz, kein Potenzial und keine Persönlichkeitsausprägung für das Komponieren – also für die kreative Komponente – haben. Mithilfe von Persönlichkeitsmodellen – beispielsweise dem Big-Five-Modell – ausgedrückt, haben solche Personen häufig eine hohe Ausprägung auf der Skala »Gewissenhaftigkeit«, um das Instrument perfekt zu beherrschen. Gleichzeitig haben sie einen niedrigen Wert auf der Skala »Offenheit, Kreativität, Forscherdrang«, um genau das zu spielen, was auf dem Notenblatt steht bzw. der Dirigent vorgibt. Damit bringen sie in einem Orchester eine hervorragende Leistung, aber mit Kreativität hat das nichts zu tun, was per se weder gut noch schlecht ist.

Die kreativen Musiker hingegen sind die, die sich Musikstücke ausdenken, was an sich auch weder gut noch schlecht ist. Aber in einem Orchester wären sie eher eine Qual für den Dirigenten. Denn der hohe Kreativitätsanteil in ihrer Persönlichkeit würde sie ständig zu neuen Ideen inspirieren, statt sie zu befähigen, sich streng nach den Vorgaben des Dirigenten zu richten.

Ein Schriftsteller, der ebenfalls der RIASEC-Kategorie »A: Artistic, künstlerisch« zuzuordnen ist, muss weder eine musikalische Begabung noch eine für die Instrumentenbedienung erforderliche Fingerfertigkeit besitzen. Stattdessen muss er aber ein Interesse an Sprache in geschriebener Form haben und damit kreativ umgehen.

Würde man eine Analogie zu den oben beschriebenen Musikern suchen, gäbe es – im mathematischen Sinne ausgedrückt – folgende Verhältnisgleichung: Kreativer, komponierender Musiker verhält sich zu kreativem Schriftsteller wie disziplinierter, nach Vorgabe spielender Orchestermusiker zu – ja wozu denn? Und jetzt wird es im RIASEC-Modell schwierig. Denn die Lösung dieser Verhältnisgleichung wäre ein Mensch, der das, was andere geschrieben haben, einfach nur abschreibt oder vorliest. Und dass ein Abschreiber oder Vorleser kaum in die Kategorie »A: Artistic, künstlerisch« passt, ist offensichtlich. Spätestens an dieser Stelle wird deutlich, wie wichtig eine stringente Logik in einem Modell ist.

Nichtsdestotrotz geht Hollands RIASEC-Ansatz genau in die richtige Richtung dessen, was für eine themen- und fachspezifische Personaldiagnostik erforderlich ist. Aber um solch ein Modell nicht nur für die grobe Erstorientierung von Berufsanfängern einsetzen zu können, sondern auch für die Personaldiagnostik von Berufserfahrenen und für Potenzialaussagen, ist eine ausdifferenzierte Logik erforderlich.

1.5.3 Fazit

Der eingangs dargestellte Bedarf an einem Modell für themen- und fachspezifische Personaldiagnostik wird von den vorhandenen Persönlichkeitsmodellen nicht abgedeckt.

Fachspezifische Eignungsdiagnostik wird von den vorhandenen Persönlichkeitsmodellen nicht abgedeckt.

Aufgrund der andersartigen Zielsetzung dieser Modelle stellt diese Erkenntnis jedoch keine qualitative Negativbewertung dar. Im Gegenteil: Gerade das Big-Five-Modell, die wertebasierten Verfahren Profilingvalues und WerteCockpit sowie das Enneagramm stellen für ihre jeweilige Zielsetzung in der Persönlichkeitsbeschreibung und -analyse hervorragende Instrumente dar. Allein mengenmäßig fällt jedoch auf, dass mit dem RIASEC-Modell nur ein einziges Modell für die themen- und fachspezifische Diagnostik präsent ist, während die Menge der charakter- und verhaltensorientierten Modelle je nach Zählart bis in den dreistelligen Bereich geht. Das macht das Problem umso deutlicher. Trotz medial viel diskutiertem demografischen Wandel und Fachkräftemangel sind themen- und fachspezifische Instrumente und Modelle in der Personaldiagnostik nahezu unberücksichtigt. Diese Diskrepanz erfordert nicht zwangsläufig ein Umdenken, sehr wohl jedoch eine Ergänzung der diagnostischen Modelle und Verfahren. Vor diesem Hintergrund und dem damit verbundenen Bedarf wurde das Affinitäten-Modell entwickelt.

2 Das Affinitäten-Modell

Ein Affinitäten-Modell zu entwickeln, das eine Antwort auf die bisher dargestellte Ausgangslage bieten kann, ist eine enorme Herausforderung, was sich nicht zuletzt darin zeigt, dass es dazu bislang keine verbreiteten Lösungen gibt. Um ein Modell erfolgreich einzusetzen, ist es wichtig, die Zielsetzung und den Hintergrund der Entstehung zu kennen.

2.1 Zielsetzung

Wie eingangs beschrieben, ist es nicht die Zielsetzung, ein zusätzliches oder Alternativ-Modell zu den zahlreichen Persönlichkeitsmodellen zu entwickeln. Stattdessen ist es das Ziel, ein Konzept zu kreieren, mit dem die themen- und fachspezifischen Aspekte der verschiedensten Tätigkeitsfelder strukturiert werden können. Mithilfe dieser Struktur soll es dann möglich sein, Affinitätenprofile für Einzelpersonen, Teams und Tätigkeitsfelder zu erstellen und diese Profile untereinander abzugleichen. Die daraus resultierenden Einsatzmöglichkeiten werden in Kapitel 3 dieses Buches beschrieben.

2.1.1 Affinitätenspezifische Anforderungen

Aufgrund der Vielzahl von themen- und fachspezifischen Aufgabenfeldern ist es unmöglich, ein Modell zu entwickeln, das auf empirische Weise inhaltlich alles erfassen kann. Von daher kann ein Affinitäten-Modell nur generisch sein. Die Zielsetzung ist daher, eine Grundstruktur zu finden, die eine Zuordnung aller themen- und fachspezifischen Aufgabenfelder ermöglicht. Diese Grundstruktur muss so beschaffen sein, dass nicht nur die Aufgabenfelder aus aktuell bekannten Berufsbildern dort eingeordnet werden können. Weiterführend auf der Zeitachse muss es auch möglich sein, neue und neuartige Berufsbilder zuordnen und kreieren zu können, an die aktuell möglicherweise noch niemand denkt.

Ein Modell sollte es ermöglichen, neue Berufsbilder zuordnen und kreieren zu können.

Diese Zielsetzung erfordert ein Baukasten-Konzept, das die Betrachtung aus unterschiedlichen Blickwinkeln ermöglicht: Einerseits aus der Perspektive eines Berufsbildes oder Aufgabenfeldes mit der Fragestellung, wo es im Affinitäten-Modell verortet wird; andererseits aus der Perspektive einer Person, die wissen möchte, welche Affinitäten sie hat und zu welchen Berufsbildern und Aufgabenfeldern diese passen würden. Mit diesen beiden Blickwinkeln sind auch schon die Hauptanwendungsfelder benannt: Personaldiagnostik von Einzelpersonen und Teams für bestimmte Tätigkeitsfelder (und umgekehrt) sowie das damit verbundene Potenzial- und Kompetenzmanagement und die Berufs- und Karriereberatung.

Während bei überfachlichen Kompetenzen die Anzahl noch einigermaßen überschaubar ist – was man immer wieder an der großen Schnittmenge überfachlicher Kompetenzmodelle unterschiedlicher Unternehmen sehen kann –, sind die themen- und fachspezifischen Aufgabenfelder von Unternehmen zu Unternehmen offensichtlich sehr unterschiedlich. Will man die Aufgabenfelder eines produzierenden Unternehmens der chemischen Industrie im selben Affinitäten-Modell darstellen wie die Aufgabenfelder einer Werbeagentur, wird die Herausforderung für die Entwicklung eines solchen Modells deutlich. Damit sind auch weitestgehend die Zielsetzung und die damit verbundenen Anforderungen an ein Affinitäten-Modell umrissen.

2.1.2 Von anderen Modellen lernen

Von anderen Modellen kann man mindestens zwei Dinge lernen: Die guten Modell-Eigenschaften kann man übernehmen, adaptieren, anpassen. Die ungünstigen Modell-Eigenschaften helfen, keine Zeit auf Ideen zu verwenden, die sich schon bei anderen Modellen als wenig hilfreich erwiesen haben.

Fangen wir mit den guten Modell-Eigenschaften an. Von Führungskräften, Personalentscheidern, Mitarbeitern, Bewerbern und anderen Personen werden erfahrungsgemäß Modelle für gut befunden, die – neben qualitativ hilfreichen Aussagen – auf einer Seite dargestellt werden können (Onepager), grafisch gut strukturiert und damit nachvollziehbar sind und die eine überschaubare Anzahl von Kriterien und Dimensionen haben.

Gute Modelle sind aufgrund ihrer logischen grafischen Struktur leicht verständlich.

Genau aus diesem Grund ist beispielsweise das Big-Five-Modell so geschätzt, weil es gelungen ist, die Vielzahl von Persönlichkeitseigenschaften auf fünf Dimensionen zu reduzieren, die nach allgemeiner wissenschaftlicher Ansicht auch die richtigen Dimensionen sind. Zwar gibt es noch Unterthemen, aber der Anwender des Modells hat erst einmal eine leicht verständliche Gesamtstruktur. Eine ebenfalls positive Eigenschaft des Big-Five-Modells ist die Möglichkeit, nach einer Art Baukasten-Prinzip Kompetenzen aus den fünf Dimensionen zu codieren[13], um eine Potenzialaussage hinsichtlich der Entwicklungsmöglichkeit bestimmter Kompetenzen bei einem konkreten Persönlichkeitsprofil treffen zu können. Das erscheint manchem Wissenschaftler zu gewagt, entspricht aber genau dem, was Führungskräfte und Personalentscheider von der Personaldiagnostik erwarten.

Ungünstige Modell-Eigenschaften weisen beispielsweise Konzepte auf, deren Struktur nur in Form von langen Listen besteht, die für den Anwender weder grafisch noch inhaltlich nachvollziehbar sind. Ebenfalls ungünstig sind zu sehr vereinfachende Modelle, die zwar auf den ersten

13 Diese Möglichkeit bieten leider nur sehr wenige Anbieter von Big-Five-Lösungen und -Tests.

Blick leicht verständlich sind, aber in der Praxis aufgrund ihrer fehlenden Differenzierungsmöglichkeiten schnell an Grenzen stoßen.

Natürlich gibt es immer persönliche Vorlieben für bestimmte Arten von Modellen. Und inwieweit die theoretisch ermittelten Eigenschaften und Zielsetzungen anwenderfreundlich sind, wird wie immer die Praxis zeigen.

2.2 Wie das Modell entstanden ist

Wenn ein Architekt ein Haus entwirft, gibt es immer mehrere Blickwinkel, aus denen heraus ein Gesamtkonzept Gestalt annimmt: Größe und Anordnung von Räumen, Einbindung in die Umgebung, technische Aspekte, Ästhetik, die spätere Nutzung, Lichtverhältnisse, Materialien usw. Manche Blickwinkel liefern nur Detailaspekte, andere hingegen tragen zum roten Faden des Konzepts bei. Auch bei der Entwicklung des Affinitäten-Modells gab es verschiedene Blickwinkel, die zum Gesamtkonzept beigetragen haben.

2.2.1 Zuordnungslogik

Die Zielsetzung der themen- und fachspezifischen Erfassung von Affinitäten in einem Modell erfordert eine klare Logik, mit der sich die Zuordnung überprüfen lässt.

So banal, wie diese Aussage theoretisch erscheinen mag, ist sie in der Praxis jedoch nicht. Denn im RIASEC-Modell von Holland, das den interessenorientierten Ansatz verfolgt, finden sich unterschiedliche Zuordnungslogiken. Einerseits wird *thematisch* in der Interessensgruppe R = Realistic (praktisch-technisch) zugeordnet, bei der es um handwerkliche Tätigkeiten, körperliche Arbeit und damit in Verbindung stehende Aufgabenfelder geht. Andererseits wird nach der *Art und Weise* zugeordnet, wie in der Interessensgruppe A = Artistic (künstlerisch-sprachlich).

Die themen- und fachspezifische Erfassung von Affinitäten erfordert eine klare Logik.

Nun gibt es Menschen, die zwar ein Interesse an handwerklichen Tätigkeiten haben (R), aber dabei überhaupt nicht künstlerisch arbeiten und das auch nicht wollen, wie es beispielsweise bei industrieller Serienproduktion der Fall sein kann. Andererseits gibt es Menschen, die ihr Interesse an handwerklichen Tätigkeiten hochgradig künstlerisch ausüben, wie beispielsweise Bildhauer. Für das Affinitäten-Modell führt diese Einschätzung zur Entscheidung, die Art der Fragestellung für die Zuordnung zu präzisieren. Konkret bedeutet das, dass klar unterschieden werden muss zwischen dem *Thema* und der *Art und Weise*. Die Frage, *womit* sich eine

Person thematisch gern befasst – beispielsweise handwerkliche Tätigkeiten –, sollte unbedingt getrennt werden von der Frage, *wie*, also auf welche *Art und Weise* jemand gern arbeitet – künstlerisch-kreativ oder nach Vorgabe abarbeitend.

Mit dieser Herangehensweise würde sich eine zweidimensionale Modellstruktur ergeben, bei der es für dieses Beispiel vier Zuordnungsmöglichkeiten gäbe:

1. handwerklich kreativ
2. handwerklich abarbeitend
3. nicht handwerklich, aber dennoch kreativ
4. nicht handwerklich, aber dennoch abarbeitend.

		thematische Affinität	
		handwerklich	nicht handwerklich
Art und Weise	kreativ	handwerklich kreativ	nicht handwerklich, aber dennoch kreativ
	abarbeitend	handwerklich abarbeitend	nicht handwerklich, aber dennoch abarbeitend

Abb. 2: Zweidimensionale Zuordnungsstruktur von Affinitäten

Den Varianten zu »nicht handwerklich« würden sinnvollerweise andere thematische Affinitäten zugeordnet werden mit der Fragestellung *was* bzw. *womit*. Somit könnte diese Matrix nach rechts um beliebig viele Spalten mit thematischen Affinitäten erweitert werden.

Allein anhand dieser zweidimensionalen Struktur wird deutlich, dass durch Kombination unterschiedlicher Blickwinkel oder Kriterien eine Systematik entsteht, mit der sich baukastenartig verschiedene Affinitäten strukturieren lassen.

Durch Kombination unterschiedlicher Blickwinkel entsteht eine baukastenartige Systematik.

2.2.2 Intelligenzforschung

Auf dem weiten Feld der Intelligenzforschung gibt es ein Modell, das Intelligenzen unterschiedlichen Themen zuordnet: die Theorie multipler Intelligenzen von Howard Gardner[14]. Auch wenn sich dieses Modell in der Intelligenzforschung nicht durchsetzen konnte und es sich hierbei nicht um Interessen und Affinitäten handelt, sondern um Intelligenz, ergibt sich eine hilfreiche thematische Abgrenzung. Ähnlich wie im RIASEC-Modell verbindet auch Gardner die Kategorien WAS und WIE. Das wird beispielsweise an der Kategorie der »logisch-mathematischen Intelligenz« deutlich, in der analytische und operative »Zahlen-Fähigkeiten« zusammengefasst werden. Trennt man nach bereits beschriebener Logik den thematischen Bezug von der Art und Weise der Bearbeitung, ergibt sich eine Affinität, die auch ohne Modell landläufig bekannt ist: die Zahlen-Affinität. Gemeint ist damit das Interesse einer Person am Umgang mit Zahlen. Sinnvoll ist dann der ergänzende Hinweis, ob diese Zahlen-Affinität eher umsetzungsorientiert ausgeprägt ist – wie beispielsweise beim Bearbeiten von Rechnungen – oder forschend – wie etwa beim Entwickeln von mathematischen Berechnungsmodellen. Auch hier hilft die bereits beschriebene Unterteilung in zwei Modell-Dimensionen.

Ein weiteres Beispiel aus Gardners Intelligenzmodell ist die Kategorie »musikalisch-rhythmische Intelligenz«. Ähnlich wie im RIASEC-Modell wird hier die Fähigkeit zum Spielen eines Instruments mit der Fähigkeit zum Komponieren in dieselbe Kategorie eingeordnet, wieder verbunden mit den damit bereits diskutierten Problemen. Sofern man Gardners Modell entgegen der ursprünglichen Zielsetzung nicht nur aus dem Blickwinkel der Intelligenzforschung betrachtet, ergibt sich eine hilfreiche Liste für thematische Affinitäten.

2.2.3 Sinneswahrnehmungen und Lerntypen

Die klassischen fünf Sinne wurden seit jeher genutzt, um für verschiedene Anwendungsfelder Kategorisierungen vorzunehmen. Ein Beispiel dafür ist die Einteilung in Lerntypen. Während Riechen und Schmecken hierbei weniger berücksichtigt werden, spiegeln sich in den Einteilungen die anderen drei Sinne unabhängig von den unterschiedlichen Bezeichnungen wider. Indem bei den diesbezüglichen Lerntypen-Tests auch die Neigung bzw. das Interesse im Mittelpunkt steht, ist die Nähe zu Affinitäten gegeben. Im Wesentlichen geht es um die Unterscheidung zwischen visuellem, auditivem und taktilem bzw. kinästhetischem Lernen.

2.2.4 Historische Berufsgruppen

Neben der theoretisch-analytischen Perspektive lohnt sich häufig eine empirische Analyse. Insbesondere bei der Betrachtung von Affinitäten ist davon auszugehen, dass sich die grundlegenden

14 Vgl. Gardner, Howard: Intelligenzen. Die Vielfalt des menschlichen Geistes, 3. Auflage, Stuttgart, 2008.

Themenfelder bei einer ausreichend großen Personenanzahl und Zeitspanne deutlich herauskristallisieren.

Bei einer ausreichend großen Personenanzahl und Zeitspanne kristallisieren sich die grundlegenden Themenfelder heraus.

Um grundlegende Affinitäten zu identifizieren, soll ein Blick auf historische Rollen in einem sozio-ökonomischen System Aufschluss geben. Über nahezu alle Kulturen hinweg sind in der geschichtlichen Betrachtung folgende Rollen und damit verbundene Affinitäten zu finden:

Es gab und gibt Menschen, die sich mit großer Hingabe mit Kommunikation in gesprochener und/oder geschriebener Form beschäftigten. Spätestens seit die Sprachverwirrung beim Turmbau zu Babel in die Überlieferung Eingang gefunden hat, wird Kommunikation als zentrales Element für gemeinsame Erfolge identifiziert. Und dass wir heute von dieser Sprachverwirrung wissen, haben wir Menschen zu verdanken, die Informationen in Textform dokumentiert haben. Man könnte entgegnen, dass Sprache in gesprochener und geschriebener Form keine Affinität darstellt, sondern Grundlage des Zusammenlebens ist. Dass es sich dennoch um eine Affinität und nicht um eine Selbstverständlichkeit handelt, wird deutlich, wenn man sich Menschen vor Augen führt, die keine Affinität zu Sprache haben, die weder Interesse am Lesen noch am Verfassen von Texten haben, und solche, denen man anmerkt, dass sie allein deshalb ungern an Gesprächen teilnehmen, weil ihnen das Formulieren von Gedanken keinen Spaß macht – unabhängig davon, ob sie es können oder nicht.

Zurück zu den historischen Rollen. Neben den Schreibern, Chronisten und anderen Texte-Verfassern gab es diejenigen, die möglicherweise keine oder eine geringe Affinität zu Sprache und Text hatten, dafür aber an Informationen visueller Art interessiert waren. Eine solche visuelle, bildliche Affinität findet sich bei der Höhlenmalerei ebenso wie beim Verbinden von einzelnen Sternen zu Sternbildern, beim Erstellen von Landkarten bis hin zu technischen Zeichnungen und vielem mehr. Auch wenn die heutigen Darstellungen umfangreicher und technisch ausgereifter sind, gibt es doch das verbindende Grundelement der bildhaften Darstellung und des Umgangs mit bildhaften Informationen.

Neben diesen Interessensgebieten gab es seit jeher die »handfesteren«, mehr praktisch orientierten Tätigkeiten, die natürlich allein aus Überlebensnotwendigkeiten heraus erledigt werden mussten, zu denen es aber auch Menschen mit mehr und Menschen mit weniger Interesse gab. Eines dieser Interessensgebiete war der Umgang mit Tieren, zu dem Rollen und Berufe wie Viehzüchter, Jäger und Hirte zählen, aber auch der Bauer, der mithilfe von Tieren das Feld beackert.

Eine ähnlich praktische Affinität, jedoch ohne Verbindung zu Tieren, findet sich in allen handwerklichen Aufgabenfeldern, in denen es darum geht, Materie zu erarbeiten und zu bearbeiten. Die Bandbreite dieser Tätigkeiten reicht von der Gewinnung von Rohstoffen in Forstwirtschaft und Bergbau bis hin zu allen klassischen Handwerks- und Technikberufen. Allen gemeinsam ist die Affinität, direkt oder mithilfe von Werkzeugen an oder mit Materie zu arbeiten. Dass auch dieses Themenfeld eine Affinität und keine Selbstverständlichkeit darstellt, wird spätestens an Redewendungen wie »der hat zwei linke Hände« oder »der will sich die Hände nicht schmutzig machen« deutlich.

Ab einer gewissen Größenordnung der er- oder bearbeiteten Produkte stellt sich bei bestimmten Menschen das Interesse ein, das Ergebnis der eigenen Arbeit zu quantifizieren, zu messen, zu zählen, zu wiegen. Spätestens dann, wenn die diesbezügliche Arbeitsleistung nicht nur für den Eigenbedarf gedacht ist, sondern als Tausch- oder Verkaufsobjekt dient, kommen Zahlen ins Spiel. Neben der in der Antike hochgeschätzten Mathematik als Wissenschaft sind es ganz praktische Rollen wie Händler, Geldwechsler oder technische Berechner und Ingenieure, die ohne die entsprechende Zahlen-Affinität wenig Begeisterung für ihren Beruf hätten entfalten können.

Eine weitere Affinität, die ebenfalls als Selbstverständlichkeit erscheinen könnte, ist die menschenbezogene Affinität. Zu den Berufen, die zu dieser Affinität passen, können medizinische, pflegerische, soziale und auch psychologische Tätigkeitsfelder gezählt werden, die es in unterschiedlicher Ausprägung seit den Anfängen der Menschheitsgeschichte gibt.

Neben diesen aus dem praktischen Leben gegriffenen Tätigkeitsfeldern haben sich Menschen mit entsprechender Affinität seit alters für (zunächst) unerklärliche Phänomene, Naturgewalten, Übersinnliches, Weltbilder und weitere schwer greifbare Themen interessiert. Auch hierbei handelt es sich um ein Jahrtausende altes Interessensgebiet, zu dem Berufsbilder wie Philosophen, Naturbeobachter oder Priester gehören.

Teilweise phänomenal, teilweise mit sehr praktischem Bezug zeigt sich ein weiteres Interessensgebiet, in dem es um Geräusche, Klänge und Töne geht. Ob mit oder ohne Instrumente sind Geräusche, Melodien, Lieder, Musikstücke schon immer Bestandteil von Kulturen und sozialem Leben. Die Nähe zur Natur, deren Töne zum Zweck der Jagd oder zur Unterhaltung imitiert wurden, ist dabei unübersehbar. Und nicht zuletzt waren Töne Grundlage für Kommunikation, wo die menschliche Sprache an ihre Grenzen stieß, wie beispielsweise bei der Informationsweitergabe per Trommel oder Morsezeichen.

Natürlich kann eine solche Aufzählung von historischen Tätigkeitsfeldern nicht abschließend sein. Aber die Betrachtung der Veränderungen von Tätigkeitsfeldern und Berufen im Laufe der Geschichte und der Vergleich mit heutigen Berufsbildern zeigen, dass grundlegende Affinitäten gleich geblieben sind, auch wenn sich die Form, die angewandten Werkzeuge und Methoden und die konkreten Inhalte verändert haben. Hierbei gilt es jedoch, genau zu unterscheiden zwischen Berufsbild und Affinität.

Sowohl in der Historie als auch in der Gegenwart gab und gibt es Menschen, die ihren Beruf aus Zwang, aus der Not heraus, aus Mangel an Alternativen oder sogar gegen ihre Affinitäten ausgeübt haben. Dass es aber auch sehr viele Menschen gab und gibt, deren Affinität(-en) mindestens

Bestandteil oder sogar Mittelpunkt ihres Berufs geworden sind, lassen ebenfalls viele Biografien erkennen. Wo Affinitäten und Beruf oder außerberufliche Tätigkeitsfelder in hohe Übereinstimmung kommen, werden Enthusiasmus, Leidenschaft, Energie und Freude sichtbar.

Wo Affinitäten und Tätigkeitsfelder in Übereinstimmung kommen, werden Energie und Freude sichtbar.

Wie das gegenteilige Bild aussieht, wird an Menschen deutlich, die nach vielen Jahren mit folgenden Worten zurückblicken: »Eigentlich hätte ich doch lieber ...«.

2.3 Die verschiedenen Affinitäten-Arten

Auf Grundlage der bis hier dargestellten Überlegungen, Analysen und der langjährigen Erfahrung in der Karriereberatung und Personalauswahl – mit und ohne Einsatz von eignungsdiagnostischen Testverfahren – ergeben sich für ein Affinitäten-Modell unterschiedliche Arten von Affinitäten. Diese Affinitäten-Arten beinhalten jeweils mehrere Elemente, die zur Unterscheidung und Einteilung dienen. Neben den themenbezogenen Affinitäten muss es zwangsläufig eine Affinitäten-Art geben, die die Arbeitsweise bzw. die unterschiedlichen Arbeitsphasen widerspiegelt. Und spätestens die Praxis macht noch eine dritte Affinitäten-Art erforderlich, die die Neigung zu unterschiedlichen Komplexitätsgraden beschreibt. Werden diese Affinitäten-Arten miteinander vermischt, können die zugehörigen Elemente per se nicht trennscharf sein.

Wenn die Affinitäten-Arten vermischt werden, können die jeweiligen Elemente nicht trennscharf sein.

Welche Auswirkungen nicht trennscharfe Affinitäten-Arten auf die Dimensionen haben, wurde bereits in Kapitel 1.5 erläutert. Was die Strukturierung der Affinitäten konkret und praktisch bedeutet, wird nach der Vorstellung der Affinitäten-Arten deutlich.

2.3.1 Themen-Affinitäten

Die Themen-Affinitäten sind jeweils auf ein konkretes Objekt ausgerichtet. Was in der Theorie dieses Satzes logisch erscheint, kann sich in der Praxis durchaus als schwierig erweisen. Eine fast zu einfach anmutende Heuristik hilft bei der Anwendung der Definition. Die Schlüsselfrage hierzu lautet: *Was* ist das interessante oder mit Leichtigkeit beherrschte Thema oder Fachgebiet? bzw. *Womit* beschäftigt sich eine Person gern und gut? Mit diesen Schlüsselfragen wird die Zuordnung zu dieser Affinitäten-Art trennscharf. Sobald sich das Fragewort ändert, ist das ein Indiz für eine andere Art der Affinitäten. Die Kategorie »künstlerisch« oder »unternehmerisch«

passt nicht zum Fragewort »*Womit*«, sondern zum Fragewort »*Wie*« und stellt eine andere Affinitäten-Art dar, als objektbezogene Themen.

Neben der trennscharfen Zuordnung zur Affinitäten-Art ist die Anzahl der Parameter entscheidend für die Praxistauglichkeit des Modells. Die nachfolgenden neun Themen-Affinitäten stellen das Set an grundlegenden Affinitäten dar, mit dem durch Kombinationen nahezu jedes Themengebiet dargestellt werden kann.

Durch Kombination lässt sich nahezu jede Themen-Affinität konstruieren.

Dieses Affinitäten-Set besteht aus den Themen-Affinitäten *Wörter, Zahlen, Bilder, Materie, Tiere, Physis, Psyche, Phänomene und Töne.*

Es könnte die Frage aufkommen, warum die Begriffe für die Themen-Affinitäten sprachlich so »einfach« gewählt sind und warum statt »Wörter« nicht »Sprache« und statt »Zahlen« nicht »Mathematik« gewählt wurde. Die Begründung dafür folgt der Logik, die Einzelelemente aus der Komplexität greifbar zu machen. Ziel dieses Affinitäten-Sets ist es, die grundlegenden Elemente der jeweiligen Affinität zu finden und zu benennen und nicht das übergeordnete System, in das die betreffende Themen-Affinität eingebettet ist. »Wörter« und »Zahlen« sind solche Grundelemente, während »Sprache« und »Mathematik« die jeweils übergeordneten Systeme darstellen. Ob sich jemand eher mit dem Grundelement oder dem übergeordneten System verbunden fühlt, hängt von den anderen Affinitäten-Arten ab, die später vorgestellt werden.

Die meisten der Themen-Affinitäten werden für sich genommen von ihrem Inhalt her für den Leser eine Selbstverständlichkeit darstellen, und das Lesen der Beschreibungen wird keine Überraschung sein. Insofern dürften die inhaltlichen Beschreibungen größtenteils wenige Neuigkeiten bieten. Das, was wirklich neu ist, ist die Zusammenstellung dieser Themen-Affinitäten in einem Set.

*Das wirklich Neue sind nicht die einzelnen Themen,
sondern die Zusammenstellung in diesem Set.*

Ähnlich verhält es sich mit rechtwinkligen Dreiecken, deren optische Erscheinung auch für den Nicht-Mathematiker eine Selbstverständlichkeit darstellt und deren Bestandteile – drei gerade Linien – keine Geheimnisse bergen. Wenn aber durch die Pythagoras-Formel $a^2 + b^2 = c^2$ die drei Linien in einen Zusammenhang gesetzt werden, wird der tiefere Sinn deutlich. Ein weiteres Beispiel ist die für den Menschen sichtbare Farbpalette unserer Umwelt. Letztendlich werden die Millionen Farben aus den drei Grundfarben gemischt. Auch die gesamte materielle Welt besteht aus einer überschaubaren Anzahl von Grundelementen – den Atomen.

Die Kernfrage lautet also nicht: Wer kann die meisten Themen-Affinitäten aufzählen? Sondern: Auf welche Mindestanzahl und welche Grundelemente lässt sich die Komplexität der Themen-Affinitäten sinnvoll so reduzieren, dass mit diesem Bausatz die Fragen nach themenbezogenen Affinitäten in Karriereberatung, Personaldiagnostik und Kompetenzmanagement beantwortet werden können?

Die Kernfrage lautet: Auf welche Mindestanzahl an Themen-Affinitäten lässt sich die Komplexität sinnvoll reduzieren?

Die Reihenfolge, in der die Themen-Affinitäten hier vorgestellt werden, stellt keine Rangfolge dar. Jede Themen-Affinität hat denselben Rang und Wert, sofern solche Kriterien hier überhaupt sinnvoll erscheinen.

Die nachfolgend angeführten Beispiele zu den einzelnen Themen-Affinitäten sind aufgrund *eines* jeweils wesentlichen thematischen Bezuges zugeordnet. Viele der genannten Beispiele erfordern darüber hinaus noch weitere Themen-Affinitäten, um die betreffende Tätigkeit auch vollumfänglich ausüben zu können. Insofern sind diese Beispiele als erste Ideensammlung anzusehen, deren Beziehungen zum Affinitäten-Modell im weiteren Verlauf des Buches noch präzisiert werden. Anhand der Praxisbeispiele im dritten Kapitel des Buches wird das Zusammenspiel der unterschiedlichen Themen-Affinitäten verdeutlicht.

2.3.1.1 Wörter-Affinität

Die nachfolgende Beschreibung mag zu banal erscheinen, weil die *Wörter-Affinität* für die meisten Menschen offensichtlich ist. Menschen mit dieser Affinität haben einen leichten Zugang zu Wörtern, Buchstaben, Texten. Diese Affinität kann in zwei Unterthemen unterteilt werden: *gesprochene Wörter* und *geschriebene Wörter.*

Zu dem Unterthema der *gesprochenen Wörter* zählen all diejenigen Tätigkeiten und Anwendungsgebiete, in denen es um verbale Kommunikation geht: Gespräche, Telefonate, Vorträge, Präsentationen, Interviews, Moderation, Kundengespräche, Radiosendungen, Theaterstücke, Beratungssituationen, Mediation, Verhandlungen, gesprochene Wörter als Information erhalten und auf dieser Grundlage weiterarbeiten usw.

Zu dem Unterthema der *geschriebenen Wörter* zählen Tätigkeiten wie das Schreiben eines Briefes, das Bearbeiten von Formularen, Reden schreiben (man beachte den Unterschied zur Affinität zum Halten einer Rede), Bedienungsanleitungen verfassen, Bücher schreiben, juristische Texte verfassen, technische Normen verschriftlichen, Lektorentätigkeiten, journalistische Textarbeiten, Berichte verfassen, geschriebene Wörter als Information erhalten und auf dieser Grundlage weiterarbeiten usw.

2.3.1.2 Zahlen-Affinität

Die *Zahlen-Affinität* ist zumindest im beruflichen Kontext als Begriff häufig anzutreffen und erscheint sogar ab und an in Stellenanzeigen unter der Rubrik »Was wir von Ihnen erwarten«. Im Allgemeinen werden darunter der Spaß und die Fähigkeit verstanden, mit Zahlen umzugehen. Aufgrund der Vielzahl der Zahlen-Tätigkeiten kann in Unterthemen dieser Affinität zwischen *operativen Zahlen* und *analytischen Zahlen* unterschieden werden.

Zu dem Unterthema der *operativen Zahlen* gehören Tätigkeitsfelder wie einfaches Abzählen von Gegenständen, Inventarüberprüfungen, Geld zählen und wechseln, Bau- und andere Vermessungen konzipieren und durchführen, Budgetbedarfe ermitteln und planen, aufgrund von Zahlenmaterial nachfolgende Tätigkeiten ausüben usw.

In das Unterthema der *analytischen Zahlen* fallen Tätigkeiten wie das Entwickeln und Anwenden mathematischer Modelle und Formeln, Ermitteln von Kennzahlen, Berechnen und Bearbeiten von nicht gegenständlichen Zahlen wie Energiewerten und Aktienkursen, mathematische Kurvendiskussion, Vektorrechnung, aufgrund zahlenbasierter Informationen Folgetätigkeiten ausführen usw.

Die *Zahlen-Affinität* beinhaltet auch die Verbindung zur Logik. Während Wörter mehr oder weniger Interpretationsspielraum zulassen, sind Zahlen eindeutig[15] und führen durch Kombination und Rechenoperationen zu logischen Schlüssen bzw. Rechenergebnissen. Bei Bildern ist die Bandbreite der Interpretationsmöglichkeiten noch größer. Wörter und Bilder als vergleichbare Informations-Affinitäten haben die Logik der Zahlen nicht, weil ein Bild mehr als die sprichwörtlichen 1000 Worte sagt und Worte oft nur Schall und Rauch sind. Die Beschäftigung mit Zahlen funktioniert dagegen nicht ohne stringente Logik. Wer diese Verbindung zwischen Zahlen und Logik als Zwang empfindet, wird keine echte Zahlen-Affinität haben oder entwickeln können. Wer dagegen bei der Beschäftigung mit Zahlen die Logik als hilfreiche Begleiterscheinung zu schätzen weiß, wird diese Logik auch außerhalb von Zahlen gern einsetzen.

2.3.1.3 Bilder-Affinität

Bei der *Bilder-Affinität* steht das gesamte Spektrum visueller Informationen im Vordergrund, einschließlich Einzelbildern, Zeichnungen, Videos bis hin zu Hologrammen. Auch Farben, Formen und geometrische Strukturen sind hier einzuordnen. Eine Unterteilung dieser Affinität in *abstrakte Bilder* und *realistische Bilder* ist dabei hilfreich.

15 Der spitzfindige Mathematiker möge an dieser Stelle bedenken, dass die Beschreibung der Affinitäten vom allgemeinen Zahlenverständnis abgeleitet ist und nicht von höherer Mathematik.

Die Erklärung dazu ist recht offensichtlich: *realistische Bilder* beinhalten alles, was auch mit dem menschlichen Auge in den verschiedenen Lebens- und Arbeitsbereichen wahrgenommen werden kann und bildhaft dargestellt wird. Dass bei der Darstellung mehr oder weniger abstrahiert wird, spielt dabei keine Rolle. Wichtig ist der reale Bezug zwischen Bild und abgebildetem Objekt. Naheliegende Tätigkeitsfelder für diese Affinität sind das Fotografieren, Filmen, die Malerei, grafische Arbeiten, visuelle Animationen, technisches Zeichnen realistischer Gegenstände, Bakterien unter dem Mikroskop identifizieren, Bühnenbilder entwerfen, Mode im Sinne des visuellen Erscheinungsbildes gestalten, mit zugrunde liegendem Bildmaterial weiterführende Tätigkeiten erledigen usw.

Tätigkeitsfelder, die dem Unterthema der *abstrakten Bilder* zuzuordnen sind, finden sich im Bereich der abstrakten technischen Zeichnungen, bei der Erstellung von Schaubildern, Infografiken, Diagrammen, geometrischen Konstruktionen, in der Prozessvisualisierung, dem visuellen Strukturieren von Konzepten, Organigrammen, beim Layouten, in der fraktalen Geometrie, beim Nutzen oder Weiterverarbeiten von Informationen aus abstrakten Bildern für Folgetätigkeiten usw.

2.3.1.4 Materie-Affinität

Unter dem Begriff *Materie* soll in dieser Affinität alles das verstanden werden, was im physikalischen[16] Sinne aus Materie besteht und – um es plakativ auszudrücken – mit Händen begreifbar ist. Die Unterthemen dieser Affinität sind *direkte Materie* und *indirekte Materie*.

Direkte Materie beinhaltet Tätigkeitsfelder, bei denen der Kontakt zur Materie direkt oder nahezu direkt erfolgt. Dabei geht es aber nicht nur um das tatsächliche »Anpacken«, sondern auch um alle damit verbundenen planerischen und vorbereitenden Aufgaben. Der Umgang mit *direkter Materie* ist Grundlage für Tätigkeiten wie beispielsweise Bearbeiten von Holz im traditionellen Tischler- und Schreinerhandwerk, das Umgraben eines Gartens, Töpfern, Steinmetzarbeiten, Montage- und Reparaturtätigkeiten, Baumfällen, Bergbau, Aufgaben der meisten klassischen Handwerksberufe, Erntearbeiten usw.

Bei dem Unterthema der *indirekten Materie* ist der handelnde Mensch etwas weiter vom Rohmaterial der Materie entfernt und arbeitet beispielsweise mit Maschinen, Werkzeugen, Hilfsmitteln. Zu den Tätigkeitsfeldern dieser Affinität zählen sämtliche Maschinenbedienungsarbeiten, das Beladen eines Kippers mittels eines Baggers, Experimentieren im Labor mit verschiedenen Apparaten und Geräten, das Reparieren technischer Anlagen, aber auch planerische und vorbereitende Tätigkeiten, um Maschinen und Werkzeuge nutzbar zu machen usw.

16 Auch wenn Einstein und andere Wissenschaftler das Vorhandensein von Materie negieren und stattdessen Materie als Verdichtung von Energie beschreiben, soll es in diesem Modell eher um das Wahrnehmen von Materie aus allgemeiner menschlicher Sicht gehen.

2.3.1.5 Tiere-Affinität

Die *Tiere-Affinität* mag in dieser Aufzählung überraschen, jedoch ist sie aus mindestens zwei Gründen sinnvoll. Erstens die theoretische Begründung: Tiere bestehen zwar aus Materie und könnten somit der *Materie-Affinität* zugeordnet werden. Der entscheidende Unterschied ist jedoch, dass Tiere lebendige Materie sind und es hinsichtlich der Affinitäten von Menschen einen großen Unterschied macht, ob jemand mit toter oder lebendiger Materie arbeitet. Bevor sich Tierliebhaber beschweren, sei an dieser Stelle ausdrücklich darauf hingewiesen, dass der Begriff *lebendige Materie* keine Wertung darstellt, sondern nur aus Definitionsgründen verwendet wird. Auch der Begriff *tote Materie* könnte bei Biologen auf Widerspruch stoßen, weil Holz oder der Erdboden, der in diesem Modell der *Materie-Affinität* zugeordnet ist, aus biologischer Sicht durchaus als *lebendige Materie* bezeichnet werden kann. Auch hierbei sei darauf hingewiesen, dass die Begriffe weniger die wissenschaftlich nachweisbaren Eigenschaften widerspiegeln, sondern der praktisch erlebbaren Unterscheidung zwischen den Affinitäten dienen sollen.

Die empirische oder lebenspraktische Begründung für die Aufteilung dieser Affinitäten ist folgende: Den meisten Lesern werden sicherlich Menschen einfallen, die beispielsweise zwar gern handwerklich mit Materie arbeiten, aber mit Tieren auf Kriegsfuß stehen. Die *Tiere-Affinität* kann in die Unterthemen *nutzbringend* und *pflegend* untergliedert werden. Erstere hat eine größere Nähe zur *Materie-Affinität*. Letztere hat eine größere Nähe zu den menschenbezogenen Affinitäten.

Zum Unterthema *nutzbringend* zählen Tätigkeitsgebiete wie sämtliche Zuchtmaßnahmen mit dem Ziel der Weiterverarbeitung von Tierprodukten, die Arbeit mit Spürhunden, das Pflügen eines Ackers mithilfe eines Pferdes, Tierexperimente, Hundeschlittenfahren usw.

In das Unterthema *pflegend* gehören beispielsweise tiermedizinische Arbeiten, Aufzucht und Auswildern bedrohter Tiere, Arbeiten im Tierheim und Zoo und andere Tätigkeitsfelder, bei denen die emotionale Beziehung zwischen Mensch und Tier einen großen Anteil hat.

2.3.1.6 Physis-Affinität

Der Begriff *Physis* steht für die Tätigkeitsfelder, bei denen der menschliche materielle Körper im Vordergrund steht. Die Unterthemen dieser Themen-Affinität sind *medizinisch* und *motorisch*.

Die Tätigkeitsfelder des Unterthemas *medizinisch* beinhalten pflegerische Tätigkeiten, medizinische Untersuchungen und Eingriffe, therapeutische Konzepte und deren Umsetzungen, medizinische Forschungen usw.

Zum Unterthema *motorisch* zählen Tätigkeiten, bei denen die körperliche Arbeit an sich oder motorische und Koordinationsfähigkeiten entscheidend sind. Dazu zählen schweißtreibende Arbeiten wie beispielsweise Holzhacken, Maurer- und Zimmermannsarbeiten, Tätigkeiten im

Garten- und Landschaftsbau, die sehr eng mit der *Materie-Affinität* verknüpft sind. Einsatzfelder, die noch unabhängiger von der Materie sind oder feinmotorische Fähigkeiten erfordern, finden sich bei nahezu allen Sportarten, bei militärischen Handlungen, beim Tanzen von Choreografien, in der Geschicklichkeit bei Zauberkunststücken, in der Fingerfertigkeit von Musikern oder bei Tätigkeiten im Bereich der Ergonomie.

Bei dem Unterthema *motorisch* gibt es eine Besonderheit. Im Unterschied zu den bisher vorgestellten Themen-Affinitäten kann hier der Mensch sowohl Objekt als auch Akteur sein, während der Mensch bei allen anderen Affinitäten in der Regel nur Akteur ist. Praktisch ausgedrückt bedeutet das, dass sich ein Mensch (= Akteur) mit *Zahlen-Affinität* mit dem *Objekt Zahlen* beschäftigt. Bei der *motorischen Physis-Affinität* dagegen kann das Objekt entweder ein anderer Mensch sein oder der Akteur selbst. Ersteres ist dann der Fall, wenn die Motorik anderer Personen im Mittelpunkt steht, wie beispielsweise bei Trainertätigkeiten im Sport oder bei der ergonomischen Planung von Arbeitsplätzen. Der Akteur kann aber auch gleichzeitig Objekt sein, wenn beispielsweise ein Sportler mit seinem eigenen Körper Leistungen für einen Wettkampf erbringt.

Wichtig für das Verständnis und die Anwendung des Affinitäten-Modells ist dabei, dass trotz der Gleichheit von Objekt und Akteur der Fokus der Themen-Affinitäten auf dem *Objekt* im Zentrum der Betrachtung bleibt, also *womit* sich jemand beschäftigt und nicht *mit wem*.

2.3.1.7 Psyche-Affinität

Im Unterschied zur *Physis-Affinität* geht es bei der *Psyche-Affinität* um das Innere des Menschen in Bezug auf psychologische, emotionale, »unsichtbare« Themen. Die Unterthemen dieser Themen-Affinität sind *interaktiv* und *abstrahierend*.

Zum Unterthema *interaktiv* zählen Tätigkeiten, bei denen die personenzentrierte Interaktion und Kommunikation zwischen zwei oder mehr Personen im Vordergrund steht, wie beispielsweise bei Beratungsgesprächen im psychologischen oder berufsberatenden Kontext, bei Streitschlichtung und Mediation, bei Trainertätigkeiten für Entspannungs- und Meditationstechniken, bei Mental-Coaches, bei manipulativen Vertriebstätigkeiten, Verhörtechniken, beim Führen von Bewerbungsgesprächen, beim Leiten von Selbsthilfegruppen usw.

Zum Unterthema *abstrahierend* zählen Tätigkeiten, die sich mit den Informationen, Grundlagen und Methoden zum Verständnis, zur Auswertung der menschlichen Psyche und zur Anwendung dieser Erkenntnisse befassen. Hierzu zählen beispielsweise die Auseinandersetzung mit theoretischen Inhalten eines Psychologiestudiums, die Auswertung von Bewerbungsunterlagen, psychologische Arbeiten im Zusammenhang mit Marketingstrategien und deren Umsetzung, die Arbeit mit Persönlichkeitsmodellen, die Datenaufbereitung, -analyse und Verwertung von Social-Media-Daten und sogenannten »Big Data« zur Erstellung von Persönlichkeitsprofilen, das Erstellen von psychometrischen Testverfahren, Verfassen von psychologischen Ratgebern usw.

2.3.1.8 Phänomene-Affinität

Bei der *Phänomene-Affinität* geht es um das Wahrnehmen, Beschreiben und Bearbeiten von Phänomenen, also wahrnehmbaren Ereignissen[17]. Die Bedeutung umfasst dabei den Bereich »schwer erklärbar oder unerklärlich, rätselhaft, verblüffend«. Das können Naturphänomene sein (Wettererscheinungen, Erdbeben, Tsunamis, Himmelserscheinungen), naturwissenschaftliche Phänomene (Elektrizität, optische Phänomene), gesellschaftliche Phänomene (Demografischer Wandel, Massenmigration, politische Strömungen, Massenpanik), spirituelle, medizinische Phänomene usw. Die Unterthemen dieser Themen-Affinität sind *wahrnehmend* und *analysierend*.

Zum Unterthema *wahrnehmend* zählen Tätigkeiten, bei denen die Beobachtung, Wahrnehmung und Dokumentation im Vordergrund stehen, wie beispielsweise bei der Aufzeichnung von Wetterdaten, der Durchführung von Experimenten, der Beschreibung von Eigenschaften bestimmter Phänomene, empirischen Studien, archäologischen Forschungen usw.

Bei dem Unterthema *analysierend* geht es darum, Phänomene fassbar zu machen, die Komplexität zu reduzieren, sich wiederholende Muster zu erkennen, Modelle für Berechnungen und Prognosen zu entwickeln und anzuwenden, wie beispielsweise Wetter- und Erdbebenprognosen, das Greifbarmachen der Elektrizität durch physikalische Formeln, Ursache-Wirkungsmechanismen zu analysieren, Massenphänomene logisch zu beschreiben, Gesetzmäßigkeiten der Schwarmintelligenz herauszukristallisieren usw.

2.3.1.9 Töne-Affinität

Um die Reihe der Themen-Affinitäten zu komplettieren, fehlt noch die *Töne-Affinität*. Während der mögliche Alternativbegriff »Klänge« bereits als Wertung verstanden werden kann, soll die Bezeichnung *Töne* möglichst neutral sein. Inhaltlich geht es bei dieser Themen-Affinität um alle für den Menschen hörbaren Schwingungen. Für den Physiker mag dieses Herausgreifen des menschlich hörbaren Spektrums der Schwingungen möglicherweise zu subjektiv anmuten. Aber im Affinitäten-Modell steht bewusst der Mensch mit seinen Beziehungen zu den verschiedenen Themen im Mittelpunkt und nicht eine vermeintlich objektive, aber abstrakte physikalische Größe.

Die Töne-Affinität kann in die Unterthemen *technisch* und *inhaltlich* untergliedert werden.

Tätigkeiten in dem Unterthema *technisch* sind beispielsweise bauphysikalische Schallpegelmessungen, die Konfiguration von Hörgeräten, die Regelung von Beschallungsanlagen oder Klangprüfungen bei technischen Produkten.

17 Phänomen: von altgriechisch φαινόμενον (fainómenon), das Erscheinende, das sich Zeigende.

Das Unterthema *inhaltlich* findet sich beispielsweise beim Erlernen und Spielen von Musikinstrumenten, in der Klang-Therapie und beim Erzeugen von Geräuschen zur Untermalung von Filmszenen.

2.3.1.10 Weitere Themen-Affinitäten

Für den kritischen Leser stellt sich hier möglicherweise die Frage, ob das denn tatsächlich die richtigen und wirklich alle Themen-Affinitäten sind, die die Grundelemente des Affinitäten-Baukastens bilden sollen. Gegenfrage: Was fehlt denn noch? Bei der Vorstellung des Affinitäten-Modells gibt es auf diese Frage in der Regel folgende typische Nennungen: IT-Affinität, Führungs-Affinität, Vertriebs-Affinität, unternehmerische Affinität und künstlerische Affinität. Mit der in der Einleitung zum Kapitel 2.3.1 vorgestellten Schlüsselfrage zur Überprüfung, ob es sich überhaupt um eine Themen-Affinität handelt, fallen Vertriebs-Affinität, unternehmerische Affinität und künstlerische Affinität weg. Denn hierbei handelt es sich nicht um objektbezogene Themen im beschriebenen Sinn. Stattdessen stehen Interessen und Neigungen im Mittelpunkt, die eher von der Persönlichkeitsstruktur abhängen oder eine Kombination aus anderen grundlegenden Affinitäten darstellen. Welche idealtypische Persönlichkeitsstruktur ein Vertriebler oder Unternehmer haben sollte, ist in der einschlägigen Literatur der in Kapitel 1.4 genannten Persönlichkeitsmodelle beschrieben. Beispielsweise benötigen beide für ihren Erfolg ein gewisses Maß an Extroversion, wobei auch dies im Einzelfall differieren kann.

Für die Themen-Affinität stellt sich bei beiden jedoch die Frage, *was* Gegenstand der Vertriebs- oder unternehmerischen Tätigkeit ist. Die landläufige Meinung, dass ein guter Vertriebler alles verkaufen kann und auch dem Eskimo einen Kühlschrank, mag wohl auf die mir unbekannten Vertriebsprofis zutreffen. Aber in den meisten Fällen wird es einen merklichen Unterschied machen, ob ein Vertriebler für technische Industrieprodukte auch eine *Materie-Affinität* besitzt oder nicht. Ähnliches gilt für die unternehmerische Affinität. Auf die künstlerische Affinität wurde bereits in Kapitel 1.5.2 eingegangen, weil hierbei nicht allein die Themen-Affinitäten eine Rolle spielen. In der folgenden Beschreibung der Arbeitsphasen-Affinitäten wird in Kapitel 2.3.2.4 das Thema erneut aufgegriffen.

Die häufig diskutierte Führungs-Affinität ist eine Mischung aus Persönlichkeitsstruktur und Themen-Affinität. Ein introvertierter, harmoniesüchtiger Veränderungsskeptiker wird trotz hoher Affinität zur Arbeit mit Menschen (*Psyche-Affinität*) und zu Kommunikation (*Wörter-Affinität*) eher selten Führungserfolg haben. Ebenso wird eine Person mit idealtypischer Führungspersönlichkeitsstruktur bei gleichzeitig mangelnder Affinität zur Arbeit mit Menschen bestenfalls sachorientiert die Aufgaben verteilen und überwachen, aber nicht motivierend führen.

Ohne Affinität zu Menschen wird eine Führungskraft nicht motivierend führen.

Die IT-Affinität mag auf den ersten Blick eine Themen-Affinität darstellen, da es hier ein Objekt gibt, in diesem Fall »die IT«, auf die sich die Affinität richtet. Bei näherer Betrachtung zeigt sich »die IT« aber als Sammelbegriff für die – dank der rasanten Entwicklung auf diesem Gebiet – vielfältigen Unterthemen. Auch der Begriff IT – Informationstechnologie – verdeutlicht, dass es sich weniger um ein *Thema*, sondern mehr um eine Methode, eine Bearbeitungstechnik, eine Technologie handelt, mit der verschiedenartige Themen bearbeitet werden können.

Ein Konstrukteur, der mithilfe einer grafischen CAD-Konstruktionssoftware am Computer technische Zeichnungen erstellt (*Bilder-Affinität*), muss sich genauso der IT bedienen wie ein Schriftsteller, der mit einem Textverarbeitungsprogramm ein Buch schreibt (*Wörter-Affinität*). Natürlich sollten beide einen gewissen Anteil an *indirekter Materie-Affinität* haben, denn ansonsten würde der Konstrukteur lieber mit Papier und Bleistift arbeiten und der Schriftsteller mit dem Diktiergerät. Vielleicht haben die beiden gar keine Lust, am PC zu arbeiten, aber ihre eigentliche Affinität und ihr Beruf zwingen sie aus Effizienzgründen dazu, »die IT« zu nutzen, um ihre eigentliche Affinität entfalten zu können. Ähnlich wie eine »Büroarbeits-Affinität« zwar eine gewisse Vorstellung von Rahmenbedingungen eines Tätigkeitsfeldes widerspiegelt und dabei wenig konkrete Hinweise auf die zu bearbeitenden Themenfelder gibt, ist der Begriff »IT-Affinität« ebenfalls als Groborientierung zu verstehen. Mit welcher Art von Softwareanwendungen jemand arbeitet, ob jemand lieber programmiert oder Hardware zusammenbaut, ist so unterschiedlich, dass der Oberbegriff »IT-Affinität« maximal eine erste Orientierung darstellen kann.

2.3.2 Arbeitsphasen-Affinitäten

Die zweite Affinitäten-Art beschreibt die Arbeitsphasen, die einer Person liegen oder eben auch nicht. Es gibt für die unterschiedlichsten Anwendungsfälle und Fachgebiete viele Phasen-Modelle, wie beispielsweise Projektphasen oder Produktentwicklungsphasen. Analog zu den Themen-Affinitäten geht es hierbei aber nicht um ein Sammelsurium möglichst vieler Arbeitsphasen. Sondern es geht darum, die Minimalanzahl grundlegender Arbeitsphasen herauszukristallisieren – wie auch immer sie in den unterschiedlichen Anwendungsfällen heißen.

Ziel ist es, die Minimalanzahl grundlegender Arbeitsphasen herauszukristallisieren.

Bei den meisten Arbeitsphasen-Modellen[18] gibt es eine Unterteilung in eine oder mehrere Initialisierungs- und Planungsphasen, Ausführungsphasen und Abschluss- oder Dokumentationsphasen. In der Regel sind diese Phasen vor allem zeitlich orientiert und geben nur bedingt Auskunft über die Arbeitsweise. Der Volksmund reduziert die Komplexität und macht daraus pragmatisch die Rollen »Theoretiker« und »Praktiker«. Gemeint ist damit, dass man die Menschen in zwei Gruppen einteilen kann: diejenigen, die sich am Schreibtisch überlegen, was andere machen sollen, und diejenigen, die das machen, was sich andere überlegt haben.

18 Beispielsweise die HOAI für die Bauwirtschaft oder Projektmanagement-Modelle.

Abgesehen von der oftmals begleitenden, jedoch wenig hilfreichen Wertigkeit dieser Einteilung wird gerade die sogenannte Theoretiker-Arbeit selbst von vielen Führungskräften zu undifferenziert betrachtet. Das wäre nicht weiter schlimm, wenn es nicht in der Berufspraxis fatale Folgen hätte. Denn regelmäßig gehen viele Führungskräfte mit einer Selbstverständlichkeit davon aus, dass Menschen, die eine Bürotätigkeit ausüben, auch mehr oder weniger ausgeprägte planerische Fähigkeiten besitzen. Frustrierte Mitarbeiter und enttäuschte Führungskräfte sind die Folge.

Die Praxis und die Erfahrung aus einer Vielzahl von Bewerbungsgesprächen, Karriereberatungen und Personaldiagnostikverfahren haben gezeigt, dass zu oft vom thematischen Arbeitsinhalt, vom Job-Titel oder vom Arbeitsplatz auf die Eignung und Affinität zu bestimmten Arbeitsphasen geschlossen wird. Dazu kommt, dass Kernelemente von Arbeitsweisen verwechselt oder falsch zugeordnet werden, wie es beispielsweise beim »Planen« der Fall ist. Oftmals wird die Tätigkeit des Planens mit kreativer Arbeit verwechselt. Planen *kann* kreativ sein, *muss* es aber nicht. Von daher ist es sinnvoller, Begriffe für die Arbeitsphasen-Affinitäten zu wählen, die möglichst genau das ausdrücken, was den Kern der jeweiligen Affinität ausmacht.

Nur wer die Bausteine klar unterscheiden kann, kann sie auch sinnvoll zusammensetzen.

Für eine geeignete Struktur lassen sich drei Arbeitsphasen-Affinitäten unterscheiden: *Ausdenken, Ermöglichen, Machen*. Ähnlich wie bei den Themen-Affinitäten sind die Begriffe auf das Wesentliche reduziert, schnörkellos und sollen erst gar nicht den Anschein eines wissenschaftlich hochstilisierten Wortungetüms erwecken. Gerade in der Praxis hat sich gezeigt, dass die Begriffe für alle Berufsgruppen eingängig und verständlich sind. Warum die Dualität »Theoretiker – Praktiker« bzw. »Ausdenken – Machen« nicht ausreicht, wird anhand der spezifischen Besonderheiten dieser beiden Arbeitsphasen deutlich. Dabei ist der Begriff *Arbeitsphasen* weniger als zeitliche Abfolge, sondern inhaltliche Logik zu verstehen. Wie auch bei den Themen-Affinitäten geht es hier nicht um Wertigkeit oder eine Rangfolge. Stattdessen liegt der Erfolg im effektiven Zusammenspiel aller Arbeitsphasen-Affinitäten. Leider kommt ein solches Zusammenspiel nur selten von selbst zustande. Umso wichtiger ist das Verstehen der unterschiedlichen Arbeitsphasen-Affinitäten mit ihren Schwerpunkten und Abgrenzungen untereinander. Denn nur wer die Bausteine klar unterscheiden kann, kann sie auch sinnvoll zusammensetzen.

2.3.2.1 Ausdenken

In der Arbeitsphase *Ausdenken* stehen Kreativität, Einfallsreichtum und Erfindergeist im Vordergrund. Menschen mit dieser Arbeitsphasen-Affinität benötigen keine inhaltlichen Vorgaben, um produktiv zu werden. Die Kreativität kann sich sowohl auf sehr praktische Aufgabenstellungen beziehen, wie beispielsweise die Arbeit eines Architekten während der Entwurfsphase. Es kann sich aber auch um sehr abstrakte Themen handeln, wie die Entwicklung eines mathematischen

Rechenmodells. Neben Neuentwicklungen kann sich diese Affinität auch auf Optimierungen – beispielsweise von Prozessen – beziehen oder die Suche nach Alternativlösungen zu einem bereits vorhandenen Lösungsvorschlag beinhalten.

Von zentraler Bedeutung für diese Affinität ist die Motivation und Fähigkeit, völlig neue Ideen und Denkansätze zu entwickeln und einzubringen, die in der konkreten Personenkonstellation noch nicht gedacht oder entwickelt wurden. Manchmal wird diese Affinität fälschlicherweise Personen zugesprochen, die aufgrund ihrer Erfahrung aus bisherigen Berufen oder außerberuflichen Tätigkeitsfeldern Ideen und Lösungsvorschläge einbringen. Die Tatsache, dass diese Menschen ihre Erfahrungen weitergeben, ist sehr gut und hilft oft weiter. Aber spätestens, wenn die betreffenden Personen in ein Umfeld kommen, das außerhalb all ihrer bisherigen themenbezogenen Erfahrungen liegt, wird ihnen selbst und anderen deutlich, dass hier eine durchaus sehr positive Transferfähigkeit mit der Affinität zum *Ausdenken* verwechselt wurde. Die echte *Ausdenken-Affinität* kann dort identifiziert werden, wo auch ohne jegliche Vorerfahrung neue Ideen und Lösungen erdacht und kreiert werden.

Das Entwickeln von Ideen und Lösungen ohne themenspezifische Vorerfahrung ist ein Hinweis auf die Ausdenken-Affinität.

Auch bei der Verbindung zu bestimmten Ausbildungsabschlüssen sind Missdeutungen weitverbreitet. Nur, weil jemand studiert hat, bedeutet dies noch lange nicht, dass hier die Affinität zum *Ausdenken* vorliegt. Sondern diese Affinität ist unabhängig von Ausbildungsabschlüssen. Selbst ohne jegliche Ausbildung kann ein Mensch die *Ausdenken-Affinität* besitzen.

Menschen, die hauptsächlich oder ausschließlich die *Ausdenken-Affinität* haben, werden häufig als Traumtänzer, Theoretiker oder solche, die die PS nicht auf die Straße bekommen, angesehen. Der Grund hierfür ist in der Regel, dass der Bedarf, neue Ideen zu generieren, aufhört, sobald jemand – ob Chef oder andere Entscheidungsträger – entschieden hat, eine für gut befundene Idee oder Lösung nun auch in die Praxis umzusetzen. Die Intensitätskurve der Kreativität geht an diesem Punkt rapide nach unten, oftmals auf null. Und denselben Kurvenverlauf nimmt auch der Bedarf an der *Ausdenken-Affinität* und damit letztlich der Bedarf an der Person, die (nur) diese Affinität besitzt.

Ein Chef, der diesen Zusammenhang nicht kennt, wird möglicherweise in bester Absicht – quasi als Belohnung – dem Erfinder des Lösungsvorschlags auch die Verantwortung für dessen praktische Umsetzung geben und sich dann wundern, warum das Projekt nicht in Gang kommt und der zuvor hoch motivierte Kreativkopf mit einem Mal völlig frustriert ist. Der Chef schüttelt dann nur noch den Kopf, weil er nicht versteht, wie jemand so undankbar sein kann. Zur Strafe nimmt er den erfinderischen Mitarbeiter beim nächsten Mal nicht mit in die kreativen Meetings, denn der soll schließlich erst einmal lernen, die PS auf die Straße zu bringen. Und so folgen aus Fehlinterpretation und Unwissenheit Demotivation auf beiden Seiten und ein Brachliegen der Kreativität.

Die *Ausdenken-Affinität* ist in allen Themen-Affinitäten zu finden. Auf den ersten Blick fallen sicherlich die typisch kreativen Berufe ein wie Architekt, Entwicklungsingenieur, Designer (*Materie-Affinität*). Aber es zählen dazu auch Schriftsteller, Comedians und Werbetexter (*Wörter-Affinität*) genauso wie Menschen, die sich Algorithmen für die Big-Data-Analyse ausdenken (*Zahlen-Affinität*). Auch die Weiterentwicklung bildgebender Verfahren in der Medizin (*Bilder-Affinität*) zählt ebenso dazu wie die Entwicklung neuer Formen der biologisch artgerechten Viehzucht (*Tiere-Affinität*). Aber auch das Kreieren neuer Bewegungsabläufe im Sport (*Physis-Affinität*), die Entwicklung von Persönlichkeitsmodellen (*Psyche-Affinität*) sowie das Erdenken neuer philosophischer Denkansätze für schwer beschreibbare Ereignisse (*Phänomene-Affinität*) und das Ausdenken von Musikstücken (*Töne-Affinität*) sind Beispiele, wie die *Ausdenken-Affinität* in unterschiedlichen Tätigkeitsfeldern zum Einsatz kommen kann.

2.3.2.2 Machen

Bei der Arbeitsphase *Machen* geht es vor allem um sichtbare Ergebnisse, die durch die betreffende Person selbst hervorgebracht werden. Teilweise wird diese Arbeitsphase den sogenannten »Machern« zugeschrieben, was in einigen Fällen auch zutrifft, in vielen Fällen aber auch sehr unpassend ist. Denn der Berufsalltag zeigt leider allzu oft, dass die selbst ernannten »Macher« eher Antreiber sind, die zwar dafür sorgen, dass Aufgaben erledigt werden, aber selbst wenig Anteil an der praktischen Ausführung haben.

Selbst ernannte Macher sind oft eher Antreiber ohne am operativen Machen beteiligt zu sein.

Um Missverständnissen vorzubeugen: Dinge voranzutreiben und andere Menschen zu befähigen und zu koordinieren, dass sie sichtbare Resultate erzielen, ist eine sehr wichtige Management-Fähigkeit[19], die allerdings eher der Arbeitsphasen-Affinität »Ermöglichen« in diesem Modell zuzuordnen ist.

Die Affinität *Machen* fokussiert stattdessen auf das »Selber-Machen« auf Basis von Vorgaben, Planungsgrundlagen, Anweisungen, Prozessbeschreibungen, Routine, angelernten Arbeitsschritten usw. Auch ohne diese Voraussetzungen kann man »Machen«, was dann jedoch oftmals eher Improvisieren oder Ausprobieren bedeutet. Und auch das hat in vielen Situationen seine Berechtigung.

Dem *Machen* gemäß dieser Beschreibung wird teilweise eine minderwertige Rolle zugeschrieben, hauptsächlich aus Sicht der Personen, die nur die *Ausdenken-Affinität* besitzen. Stattdessen ist es eine sehr wichtige Arbeitsphase, die eine hohe Kompetenz voraussetzt, um

19 Vgl. Malik, Fredmund: Führen, Leisten, Leben. Wirksames Management für eine neue Welt, Frankfurt am Main, 2014, S. 27 f.

Ergebnisse in Qualität und Quantität hervorzubringen. Die *Machen-Affinität* ist sowohl bei Menschen mit Studienabschluss als auch bei Personen mit Berufsausbildung oder ohne jeglichen Bildungsabschluss zu finden. Auch hier gilt: Es gibt keinen zwingenden Rückschluss vom Bildungsabschluss auf die *Arbeitsphasen-Affinität* oder umgekehrt.

Menschen, die ausschließlich die *Machen-Affinität* haben, verspüren oft das Bedürfnis, klare Vorgaben zu bekommen, damit sie in ihrer Affinität aufblühen und Resultate abliefern können. Aufgrund der beschriebenen falsch verstandenen Minderwertigkeit wird das Bedürfnis nach klaren Vorgaben jedoch oft nicht geäußert.

Als Ergebnis kann man Menschen beobachten, die bisweilen verzweifelt versuchen, Informationen und Planungsgrundlagen als Voraussetzung zu erhalten, um ihre *Machen-Affinität* anwenden zu können.

Während die *Ausdenker* auf die in der Prozesskette nachgelagerten *Macher* angewiesen sind, um sichtbare Ergebnisse zu erhalten, sind die *Macher* auf klare Informationen angewiesen, die ihnen die Sicherheit bieten, genau das zu machen, worauf es am Ende ankommt. Menschen, die diesen Zusammenhang verinnerlicht haben und das Bewerten der Arbeitsphasen-Affinitäten außen vor lassen können, sind wesentlich entspannter. Das trifft umso mehr zu, wenn auch die jeweilige Führungskraft diese Sichtweise teilt. Ein positives Erkennungszeichen dafür ist der Satz: »Sage mir, was ich machen soll, und ich werde verlässlich hervorragende Ergebnisse liefern«, wenn er ehrlich gemeint ausgesprochen wird.

Aufgrund falsch verstandener Minderwertigkeit wird das Bedürfnis nach klaren Vorgaben oft nicht geäußert.

Denn wer als Mensch mit der *Machen-Affinität* so kommuniziert, erkennt die Unterschiede und Schwerpunkte in den Arbeitsphasen-Affinitäten an und kann sich auf das konzentrieren, was ihm oder ihr liegt. Und gleichzeitig signalisiert diese Person Kollegen und Führungskräften, was er oder sie für das erfolgreiche *Machen* benötigt. Das wiederum entspannt Menschen mit anderen Arbeitsphasen-Affinitäten.

»Sage mir, was ich machen soll, und ich werde verlässlich hervorragende Ergebnisse liefern.«

»Hätte ich das schon früher gewusst, dass du viel lieber operativ tätig bist, hätte ich für dich die Planung übernommen, und ich hätte dir die Ausführung überlassen können ...« Solch eine befreiende Erkenntnis setzt ein gewisses Maß an Reflexionsfähigkeit und die Bereitschaft über unterschiedliche Affinitäten offen zu sprechen voraus. Wo das geschieht, gibt es oftmals den Aha-Effekt, ähnlich wie in dem bekannten Sketch, in dem ein älteres Ehepaar zufällig bemerkt, dass einer der beiden aus Rücksicht auf den anderen Ehepartner beim Frühstück ein Leben lang auf die obere Brötchenhälfte verzichtet hat, obwohl er sie gern selbst gegessen hätte – und umgekehrt auch.

Unreflektierte Personen mit der *Machen-Affinität* sind oft schwer zu führen und auch schwierig im Umgang als Kollegen. Denn statt sich auf die eigene *Machen-Affinität* als Stärke zu konzentrieren, sind sie teilweise beleidigt, wenn Führungskräfte oder Kollegen die Affinität identifiziert haben und sie nicht unnötig mit Kreativ- und Planungsmeetings belasten wollen. Aus falsch verstandener Affinitäten-Bewertung drängen sich diese Mitarbeiter dann doch in Meetings, wo es ums *Ausdenken* geht. Das wird auch allzu oft aus Harmoniegründen entgegen Sinn und Verstand toleriert. Die Außenwirkung ist bestenfalls Ineffizienz, oft aber auch nur peinlich. Das alles lässt sich mit dem Willen zur Reflexion und der konstruktiven Auseinandersetzung der Unterschiedlichkeiten im Team glücklich vermeiden.

Genau wie die *Ausdenken-Affinität* ist auch die *Machen-Affinität* in allen Themen-Affinitäten zu finden. Klassische Beispiele sind sämtliche handwerkliche und industrielle Tätigkeiten, bei denen nach Vorgabe, Planung oder Zeichnung gearbeitet wird (*Materie-Affinität*), ebenso die praktische Arbeit mit Tieren (*Tiere-Affinität*). Im Bereich der Bürotätigkeiten kann es das Bearbeiten von Rechnungen sein (*Zahlen-Affinität*), das Erstellen von Arbeitsverträgen (*Wörter-Affinität*) oder das Einsortieren von Fotos in eine Datenbank (*Bilder-Affinität*). Weitere Beispiele sind die ärztliche Untersuchung und Behandlung (*Physis-Affinität*), das Durchführen einer Schlichtung bzw. Mediation (*Psyche-Affinität*), die Aufzeichnung von Wetterdaten (*Phänomene-Affinität*) oder das Spielen eines Musikstücks (*Töne-Affinität*).

2.3.2.3 Ermöglichen

Die Arbeitsphase *Ermöglichen* gehört von der Logik her eigentlich zwischen die anderen beiden Arbeitsphasen. Die Beschreibung dieser Arbeitsphase ist aber umso nachvollziehbarer, wenn der Inhalt der anderen beiden klar ist. Eine einfache Erläuterung für das *Ermöglichen* ergibt sich aus der Berufspraxis. Wer schon einmal in der Verantwortung für einen Gesamtprozess gestanden hat, der von der Ideenfindung bis zur praktischen Umsetzung eines nutzbaren Ergebnisses reichte, wird sicherlich nachvollziehen können, dass der Übergang vom *Ausdenken* zum *Machen* nicht immer leicht ist. Das, was dann in der Praxis oft als »pragmatisches Improvisieren« gelobt wird, verschleiert meistens die Tätigkeiten, die für einen gelungenen Übergang zwischen *Ausdenken* und *Machen* erforderlich gewesen wären.

Die für den Übergang vom Ausdenken zum Machen erforderlichen Tätigkeiten werden oft als »Improvisieren« verschleiert.

Die Arbeitsphase des *Ermöglichens* nimmt also eine Schlüsselfunktion ein, bei der weder ein Prozess gestartet (*Ausdenken*) noch zum Abschluss gebracht wird (*Machen*) und die von manchen *Ausdenkern* und *Machern* keine besondere Aufmerksamkeit erhält. Menschen, die nur diese Arbeitsphasen-Affinität haben, fühlen sich im Berufsumfeld teilweise überflüssig und finden nicht selten nur schwer ihren Platz in der Berufswelt, weil sie weder den kreativen Ideenreichtum der *Ausdenker* noch die ausgeprägte Ergebnisfokussierung der *Macher* haben. Denn die Arbeitspakete des *Ermöglichens* werden oft von den *Ausdenkern* oder *Machern* mit entsprechenden Auswirkungen nebenbei erledigt.

Ob eine Tätigkeit eher dem *Ermöglichen* oder dem *Machen* zugeordnet werden kann, ist oft vom Betrachter und vom nachfolgenden Arbeitsschritt abhängig. Die dafür entscheidende Frage ist, ob eine Tätigkeit als eigenständige Leistung oder eigenständiges Produkt angesehen wird oder ob nur der direkte Zusammenhang zum nachfolgenden Arbeitsschritt daraus eine Leistung oder ein Produkt macht.

Praxisbeispiel

Ein kreativer Architekt entwirft ein Haus (*Ausdenken-Affinität*) und bringt seine Ideen als Skizze auf Papier. Ein weniger kreativer Konstrukteur erstellt daraus eine Zeichnung als Planungsgrundlage für die Ausführung durch ein Bauunternehmen. Für den Konstrukteur ist diese Zeichnung ein fertiges Produkt (*Machen-Affinität*). Diese Zeichnung ist aber die Grundlage (*Ermöglichen-Affinität*) für das ausführende Bauunternehmen. Arbeitet der Konstrukteur mit der Einstellung »Ich mache jetzt schnell die Zeichnung fertig, so wie ich mir das vorstelle. Ob das auch technisch auf der Baustelle machbar ist, ist das Problem der Bauhandwerker.«, gehört seine Tätigkeit mit dieser speziellen Einstellung ganz klar in die *Machen-Affinität.* Damit hat er dann aus seiner Sicht die Arbeit erledigt.

Hätte dieser Konstrukteur jedoch die *Ermöglichen-Affinität,* würde er sich beim Zeichnen Gedanken darüber machen, ob die Mitarbeiter der ausführenden Baufirma die Zeichnung auch gut nachvollziehen können, ob das, was er zeichnet, technisch gut realisierbar ist, ob es im Fall dieser bestimmten Baufirma mit ihren Möglichkeiten eventuell noch effizientere Lösungen gibt. Er ruft gegebenenfalls bei der Baufirma an, stimmt sich ab und passt die Zeichnung so an, dass sie später auf der Baustelle eine reibungslose Arbeit ermöglicht. Aus der Themensicht der *Bilder-Affinität* sind es mit Blick auf das Erstellen der Zeichnung identische Vorgänge. Aber von der Einstellung und der Art und Weise der Bearbeitung hängen die Effizienz und der Erfolg der nachfolgenden Tätigkeiten ab.

Warum ist diese Unterscheidung nun so wichtig? Angenommen der Konstrukteur und die Bauarbeiter in unserem Beispiel gehören zum selben Unternehmen, und der Unternehmer möchte für eine Stellenbesetzung einen Konstrukteur auswählen. Er hat zwei Bewerber, die von ihrer fachlichen Qualifikation identisch gut sind, beide haben identische Noten im Schulabschluss, beide haben dieselben Qualifikationen und Zertifikate und die damit verbundenen Prüfungen mit demselben Ergebnis bestanden. Selbst die Berufserfahrung ist bei beiden identisch. Allerdings sind beide Bewerber sehr verschieden bei ihrer Arbeitsphasen-Affinität. Bewerber A hat keine *Ermöglichen-Affinität,* Bewerber B hat sie. Entscheidet sich der Unternehmer für Bewerber B, wird er reibungslose Übergaben zwischen Planungsabteilung und Bauausführung erwarten können, weniger Planungsfehler, weniger Frustration bei den Bauarbeitern, kaum Missverständnisse, technisch realistische Planungen, weniger Ausführungsfehler, eine höhere Produktivität und letztendlich mehr Gewinn. Entscheidet er sich für Bewerber A, bekommt er genau das Gegenteil, obwohl die Bewerbungsunterlagen doch qualitativ gleichwertig ausgesehen haben.

Dieses Beispiel verdeutlicht, dass die Identifikation dieser Affinität weniger an Arbeitsinhalten, sondern an der Einstellung und Arbeitsweise erkennbar ist. Die Tatsache, dass landauf, landab in den Unternehmen über »Silo-Denken«, mangelnde Kommunikation und Abstimmung,

Missverständnisse, fehlende Kundenorientierung – das meint sowohl interne als auch externe Kunden – geklagt wird, hat einen wesentlichen Grund im Mangel an der *Ermöglichen-Affinität.*

Die häufig beklagte mangelhafte Kommunikation hat einen wesentlichen Grund im Mangel an der Affinität zum Ermöglichen.

Diese Affinität könnte auch als »Für andere Vor- und Mitdenk-Affinität« genannt werden.

Für die *Ermöglichen-Affinität* in Bezug zu den Themen-Affinitäten gibt es ebenfalls viele Beispiele. Im Bereich der *Wörter-Affinität* sind es Abstimmungen, mündliche Koordination, das Schreiben von Arbeitsanweisungen oder das Entwickeln von Formularen. Zur *Zahlen-Affinität* zählen Tätigkeiten wie das Vorbereiten von Tabellen, in die andere Personen Zahlen oder Messwerte eintragen können. Menschen mit der *Bilder-Affinität* erstellen visuelle Arbeitsanweisungen und Prozessablaufdiagramme oder bebildern Bedienungsanleitungen. Für die *Materie-Affinität* sind das Einstellen und Rüsten von Maschinen und das Bereitstellen von Material für nachfolgende Bearbeitungsschritte zu nennen. Bei der *Tiere-Affinität* werden Fütterungspläne erstellt, es werden Parcours für Reitpferde vorbereitet oder Trainingspläne für die Tiere zusammengestellt. Die Aufgaben eines Sporttrainers und die meisten medizinischen Assistenztätigkeiten bei einer OP finden sich in der *Physis-Affinität.* Das Coachen und Trainieren von anderen Menschen mit dem Ziel der Befähigung, bestimmte Leistungen zu erbringen, sind Beispiele für die *Psyche-Affinität.* Zur *Phänomene-Affinität* gehören Tätigkeiten wie der Versuchsaufbau für technische Experimente oder die Vorbereitung der Wettervorhersage für den Nachrichtensprecher. Personen mit einer thematischen Affinität zu *Tönen* und einer Arbeitsphasen-Affinität zum *Ermöglichen* haben beispielsweise Spaß daran, anderen ein Musikinstrument beizubringen.

2.3.2.4 Die künstlerische Affinität

An dieser Stelle soll es um die in Kapitel 2.3.1.10 bereits angesprochene Frage nach der »künstlerischen Affinität« gehen. Da nach weitestgehend übereinstimmender Meinung der diesbezüglichen Experten der kreative Aspekt Wesensbestandteil dessen ist, was der Kategorie »Kunst« oder »künstlerisch« zuzuordnen ist, sollte am ehesten die *Ausdenken-Affinität* als Grundlage von Kunst gesehen werden. Nun kann man aber Kunst nicht wahrnehmen, ohne dass sie jemand wahrnehmbar macht. Und das fällt am ehesten in die *Machen-Affinität.* Insofern könnte die künstlerische Affinität als Kombination aus *Ausdenken* und *Machen* zum selben Thema beschrieben werden. Kommen wir auf das in Kapitel 1.5.2 angeführte Beispiel des Musikers zurück. Die Kombination aus dem Komponieren eines Musikstückes (*Ausdenken*) und dem technisch versierten Vortragen dieses Musikstückes (*Machen*) ergibt das künstlerische Gesamtbild. Natürlich lässt sich bekanntlich hervorragend über Kunst streiten und auch darüber, was Kunst ist und was nicht. Aber allein das technische Beherrschen eines Instruments (*Machen*) lässt jegliche Logik für die Definition einer künstlerischen Affinität vermissen. Der Vorteil der gerade beschriebenen Definition besteht darin, dass die Zuordnung der künstlerischen

Affinität zu den Themen-Affinitäten irrelevant wird. Diese Sichtweise entspannt die Diskussion oder sogar den Streit darüber, ob die Tätigkeit einer Person Kunst ist oder nicht, und ob jemand eine künstlerische Affinität hat oder nicht. Denn die Diagnostik der Arbeitsphasen-Affinitäten eines Menschen und der Abgleich mit den geforderten Arbeitsphasen-Affinitäten eines Berufes oder Aufgabenbereichs sind viel aussagekräftiger als der Umweg über den überhöhten und interpretationsbedürftigen Begriff einer »künstlerischen Affinität«.

2.3.2.5 Zusammenfassung

Menschen können eine oder mehrere Arbeitsphasen-Affinitäten haben. Mehrere Arbeitsphasen-Affinitäten zu haben, kann Fluch und Segen zugleich sein. Einerseits können die beschriebenen Grenzen oder Nachteile der jeweiligen Phasen entschärft werden. Andererseits besteht – wie auch bei anderen Mehrfach-Begabungen – das Risiko der Verzettelung. Wichtig ist, dass man nicht von der eigenen Arbeitsphasen-Affinität auf andere schließt. Unreflektierte *Macher* werden kaum Verständnis für die kreativen *Ausdenker* haben. Die *Ausdenker* denken oftmals gar nicht an das *Machen* oder halten die praktische Umsetzung ihrer Ideen für selbstverständlich. Die *Ermöglicher* können häufig überhaupt nicht verstehen, warum sich *Ausdenker* und *Macher* hinsichtlich ihrer jeweiligen Arbeitsphasen so wenig abstimmen und halten sie für stur.

Menschen können eine oder mehrere Arbeitsphasen-Affinitäten haben.

Allein die Berücksichtigung der Arbeitsphasen-Affinitäten bei der Aufgabenverteilung innerhalb eines Teams, einer Organisation, eines Unternehmens kann eine enorme Leistungs- und Motivationssteigerung bei allen Beteiligten bewirken. Wie das ganz praktisch aussehen kann, wird in Kapitel 3.5 ausführlich beschrieben.

2.3.2.6 Moderne Arbeitsformen und Rapid Prototyping

Eine besondere Herausforderung für die Arbeitsphasen-Affinitäten stellt die zunehmende Spezialisierung in den Berufen dar. In der vorindustriellen Zeit beinhalteten die klassischen Berufe oftmals alle Arbeitsphasen in derselben beruflichen Rolle.

Der Bäcker dachte sich die Rezepte aus und stellte Brot und Kuchen her. Der Bauer pflügte den Acker nach der Tradition der Vorfahren, säte und erntete und das in fortwährenden Kreisläufen. Gleiches gilt für die meisten anderen Berufe. Das Ermöglichen geschah irgendwie zwischendurch und war oft auch nicht so relevant, weil zwischen dem *Ausdenken* und dem *Machen* kaum Zeit und kaum zusätzliche Arbeitsschritte lagen. Was zu tun war, war offensichtlich. Alles analog, sehr pragmatisch. Natürlich gab es auch die Forscher, Denker und Erfinder. Aber der Großteil der Arbeitswelt war sehr klar strukturiert und auf das *Machen* ausgerichtet.

In der vorindustriellen Zeit beinhalteten die Berufe oft alle Arbeitsphasen in derselben Rolle.

Das alles ist keine neue Erkenntnis und vielfach dokumentiert und analysiert. Aber der Unterschied zwischen »damals« und »heute« macht die Differenzierung der Arbeitsphasen-Affinitäten umso relevanter. Denn die Zeit zwischen *Ausdenken* und *Machen* ist heutzutage teilweise extrem lang. Jemand mit der *Ausdenken-Affinität* braucht oft einen sehr langen Atem, bis er die praktischen Ergebnisse seiner Ideen und Erfindungen sieht – sofern er sie überhaupt zu Gesicht bekommt. Und das räumliche und zeitliche Auseinanderreißen der einzelnen Arbeitsphasen macht das *Ermöglichen* umso wichtiger.

Diese Tatsache lässt ganz moderne Arbeitsweisen entstehen, die jedoch bei näherer Betrachtung gar nicht so neu sind, sondern nur konsequente Beachtung des Affinitäten-Modells, auch wenn die handelnden Personen das Modell gar nicht kennen. »Arbeiten 4.0« und »Rapid Prototyping« sind Stichworte für eine Arbeitsweise, bei der die zeitliche und räumliche Distanz der Arbeitsphasen wieder verringert werden sollen. Gerade beim »Rapid Prototyping« geht es darum, möglichst schnell aus Ideen (*Ausdenken*) sichtbare Ergebnisse zu generieren (*Machen*), um daraus in einer Lernkurve Rückschlüsse für das verbesserte *Ausdenken* eines Produkts zu ziehen. Das erfordert interdisziplinäre Teams. So weit, so gut. Und hier enden die meisten Ratgeber für Start-ups und Arbeiten 4.0. Die eigentliche Herausforderung besteht in den Anforderungen an solche Teams, an die einzelnen Team-Mitglieder und an ihre Arbeitsphasen-Affinitäten. Denn nur mit einer sinnvollen Kombination der unterschiedlichen Arbeitsphasen-Affinitäten können solche Arbeitsansätze erfolgreich sein.

Erst die sinnvolle Kombination von Arbeitsphasen-Affinitäten macht moderne Arbeitsformen erfolgreich.

Wie das praktisch funktioniert, wird in Kapitel 3.5 ausführlich beschrieben.

2.3.3 Komplexitäts-Affinitäten

Die dritte Affinitäten-Art bezieht sich auf den Komplexitätsgrad der Tätigkeitsfelder. Warum diese Affinitäten-Art erforderlich ist, veranschaulicht folgendes Beispiel: Zwei Personen arbeiten im selben Unternehmen. Die Haupttätigkeit von Person A besteht im Ausfüllen von Formularen mit personenbezogenen Daten wie Name, Wohnort, Beruf usw. Die Haupttätigkeit von Person B beinhaltet das Übersetzen von juristischen Texten aus dem Arabischen ins Deutsche.

Beide haben die Themen-Affinität *Wörter* und beide haben die Arbeitsphasen-Affinität *Machen*. Unabhängig von irgendeinem Modell ist es offensichtlich, dass die Tätigkeit von Person B komplizierter ist, als die von Person A. Weitere Beispiele wird jeder selbst finden mit dem Ergebnis, dass es von der Sichtweise des Betrachters abhängt, ob etwas einfach oder kompliziert ist.

Auch in den Persönlichkeitsmodellen wie etwa dem Big-Five und den dazugehörigen Testverfahren ist der erreichte Wert auf der betreffenden Skala von der Selbstauskunft des Probanden abhängig. Die zugrunde liegenden Fragestellungen lauten beispielsweise: »Bevorzugen Sie im beruflichen Kontext eher komplexe Aufgabenstellungen?« Mit den Antwortmöglichkeiten von »trifft stark zu« bis »trifft gar nicht zu« werden die entsprechenden Werte ermittelt. Die Herausforderung liegt also offensichtlich in der fehlenden Möglichkeit, den Unterschied zwischen *einfach* und *kompliziert* objektiv und nachvollziehbar zu beschreiben.

Dazu kommt die Vermischung der Begriffe *kompliziert* und *komplex*. Die Schwierigkeit dieser Affinitäten-Art besteht in der Subjektivität der Einschätzung. Was für den einen *kompliziert* erscheint, ist für den anderen möglicherweise *einfach*. Um eines vorwegzunehmen: Eine absolute Definition für alle Beispiele aus den Themen- und Arbeitsphasen-Affinitäten wird es nicht geben. Aber die wissenschaftliche Diskussion um die Abgrenzung zwischen *einfach*, *kompliziert* und *komplex* bietet ausreichend Aspekte, um eine Zuordnung im Affinitäten-Modell zu ermöglichen. Die Grundparameter für die Abstufung sind: Anzahl der für eine Tätigkeit relevanten Elemente und Informationen, die Art der Ursache-Wirkungs-Beziehungen und Wechselwirkungen zwischen den Elementen, die Eindeutigkeit von Prognosen über den Ausgang oder das Ergebnis von Aufgaben eines bestimmten Tätigkeitsbereiches, die Verzweigungstiefe von Arbeitsschritten, die Veränderung der Rahmenbedingungen, Elemente oder Informationen während der Bearbeitung einer Aufgabe und die für die Bearbeitung einer Aufgabe mögliche und erforderliche Methodenvielfalt.

Weitere Elemente können hinzugezogen werden, sind aber nicht zwangsläufig für die Zuordnung erforderlich oder ergeben sich aus dem Gesamtbild der übrigen Parameter. Natürlich wird es Beispiele geben, die nicht hundertprozentig eindeutig zugeordnet werden können. Aber selbst bei diesen Beispielen sollten im konkreten Fall eine Grundtendenz und der Analogieschluss zu anderen konkreten Fällen eine Zuordnung ermöglichen. Die Aufzählung von Praxisbeispielen zu den einzelnen Komplexitäts-Affinitäten soll jeweils nur exemplarisch geschehen, weil durch die Kombination aus Themen- und Arbeitsphasen-Affinitäten 54 Kombinationen[20] pro Komplexitätsgrad möglich wären.

20 Neun Themen-Affinitäten mit jeweils zwei Unterthemen ergeben 18 Unterthemen-Affinitäten. Jede dieser Unterthemen-Affinitäten kann in drei unterschiedlichen Arbeitsphasen-Affinitäten auftreten. Bis dahin ergeben sich 54 mögliche Kombinationen. Jede dieser Kombinationen kann wiederum einem der drei Komplexitätsgrade zugeordnet werden. In Summe sind somit 54 × 3 = 162 unterschiedliche Kombinationen möglich.

2.3.3.1 Einfach

Als *einfach* werden im Allgemeinen Tätigkeiten angesehen, die eine für den Menschen gut überschaubare Anzahl an Einzelelementen oder -informationen beinhalten. Die Forschungen des US-amerikanischen Psychologen George A. Miller beschreiben die Zahl von sieben plus/minus zwei unterschiedlichen Elementen als gut handhabbare Anzahl. Andere Forschungen gehen von drei bis vier gleichzeitig handhabbaren Informationselementen aus. Unabhängig von der objektiv richtigen Zahl sind es am Ende ein bis höchstens zwei Hände voll unterschiedlicher Informationselemente, die Menschen sinnvoll im selben Zeitraum im Blick haben können.

Wichtig bei der Zählung ist die Unterschiedlichkeit der Elemente, nicht die Anzahl gleichartiger Elemente. Wenn bei einer Verkehrszählung die Kategorie »Kraftfahrzeuge« (= 1 Element) mittels Beobachtung vom Straßenrand aus gezählt werden soll, werden das die meisten Menschen wahrscheinlich als *einfach* empfinden. Auch bei der Unterscheidung in PKW, LKW, Zweirad und Sonstige erscheint die Aufgabenstellung noch recht einfach. Mit der Unterscheidung in Fahrzeugmarken, Anzahl der Insassen, Unterscheidung nach Farben und anderen Kriterien dürfte es unter Berücksichtigung der Geschwindigkeit des vorbeifahrenden Verkehrs schon nicht mehr so einfach sein.

Einfache Tätigkeiten haben klare Wenn-dann-Wechselbeziehungen zwischen den Elementen oder den einzelnen Arbeitsschritten. Das Ergebnis eines Arbeitsprozesses ist unter normalen Umständen genau und leicht vorhersehbar. Es gibt eine klare und kaum verzweigte Abfolge von Arbeitsschritten. Die Rahmenbedingungen ändern sich nicht oder kaum während der Bearbeitung der Aufgabe. Und die eingesetzte Arbeitsmethodik ist sehr klar und lässt kaum Varianten zu.

Einfache Tätigkeiten haben klare Wenn-dann-Wechselbeziehungen.

Für die Arbeitsphasen-Affinität *Machen* lassen sich beispielsweise folgende themenspezifische Aufgabenfelder benennen: Das Verfassen von einfachen Texten anhand von Vorlagen (*Wörter-Affinität*), Erfassen und einfaches Berechnen von statistischen Zahlenwerten (*Zahlen-Affinität*), Sortieren von Bildmaterial in eine Bilddatenbank nach bestimmten Kriterien (*Bilder-Affinität*), Holzhacken (*Materie-Affinität*), das Satteln eines Pferdes (*Tiere-Affinität*), das Absolvieren eines 100-Meter-Laufs (*Physis-Affinität*), das Führen eines einfachen Verkaufsgesprächs (*Psyche-Affinität*), das Durchführen einfacher Arbeitsschritte bei Experimenten (*Phänomene-Affinität*) und die Klangprüfung von Keramikerzeugnissen (*Töne-Affinität*).

Zur Arbeitsphasen-Affinität *Ausdenken* zählen Tätigkeitsfelder wie das kreative Ausdenken einfacher Formulierungen (*Wörter-Affinität*), das Entwickeln von einfachen Formeln in einer Tabellenkalkulationssoftware (*Zahlen-Affinität*), das Entwerfen einfacher Zeichnungen und Visualisierungen (*Bilder-Affinität*), das Entwickeln und Optimieren von wenige Schritte umfassenden Produktionsabläufen (*Materie-Affinität*), das Ausdenken von einzelnen Trainingssequenzen für eine Hundeschule (*Tiere-Affinität*), das Entwickeln einer einfachen Choreografie (*Physis-Affinität*), das Ausdenken einer unproblematischen Verhandlungsstrategie (*Psyche-Affinität*), das Konzipieren eines einfachen Experiments zur Veranschaulichung von elektrischer Spannung (*Phänomene-Affinität*) und das Ausdenken einer einfachen Melodie (*Töne-Affinität*).

Tätigkeiten, die in die Arbeitsphase *Ermöglichen* gehören, sind beispielsweise das Verfassen einfacher Arbeitsanweisungen (*Wörter-Affinität*), Vorbereiten von tabellarischen Formularen zur Erfassung von Zahlenwerten (*Zahlen-Affinität*), Erstellen von visuell orientierten Bedienungsanleitungen für einfache Geräte (*Bilder-Affinität*), Vorbereiten und Rüsten von einfachen Maschinen für Produktionsmitarbeiter (*Materie-Affinität*), Vorbereiten eines Parcours für eine Delphinshow (*Tiere-Affinität*), routinemäßiges Trainieren von Sportlern (*Physis-Affinität*), standardisierte Beratungsgespräche in der Sozialberatung führen (*Psyche-Affinität*), das Assistieren bei einfachen Experimenten (*Phänomene-Affinität*) und das unkomplizierte Einstellen von Hörgeräten durch einen Hörgeräteakustiker (*Töne-Affinität*).

2.3.3.2 Kompliziert

Als *kompliziert* sind Tätigkeiten einzuordnen, die in der Regel eine große Anzahl an Elementen oder Informationen haben, deren Ursache-Wirkungs-Beziehungen und Wechselwirkungen aber dennoch eindeutig sind. Die zu erwartenden Ergebnisse eines Arbeitsprozesses sind auch recht genau prognostizierbar aufgrund der klaren Logik, wenngleich die für die Prognose erforderliche Analyse sehr aufwendig sein kann. Komplizierte Aufgaben haben teilweise sehr stark verzweigte Beziehungen zwischen den Arbeitsschritten, einschließlich Wenn-dann-Optionen. Meistens sind für die Bearbeitung mehrere unterschiedliche Arbeitsmethoden erforderlich. Trotz dieses teilweise großen Unterschieds zu den *einfachen* Aufgaben sind *komplizierte* Aufgaben dennoch logisch und eindeutig, auch wenn dies auf den ersten Blick anders erscheint. In der Regel haben Menschen mit einer Affinität zu *komplizierten* Tätigkeitsfeldern Spaß an intellektuellen Herausforderungen, sofern diese einer klaren, eindeutigen Logik folgen.

Die Affinität zu komplizierten Tätigkeiten zeigt sich am Spaß an intellektuellen Herausforderungen mit klarer Logik.

Beispiele für die Arbeitsphasen-Affinität *Machen* sind: das Übersetzen von schwierigen Texten (*Wörter-Affinität*), umfangreiche Berechnungen mit komplizierten Formeln (*Zahlen-Affinität*), das Bearbeiten von Bildern und Grafiken nach Vorgaben (*Bilder-Affinität*), Zusammenbau und Reparatur von Schweizer Uhren (*Materie-Affinität*), Begleitung einer komplikationsfreien Geburt eines Fohlens (*Tiere-Affinität*), das Einstudieren und Vorführen einer anspruchsvollen Choreografie (*Physis-Affinität*), das Führen von Konfliktgesprächen (*Psyche-Affinität*), die Durchführung herausfordernder Experimente (*Phänomene-Affinität*) und das Analysieren von wiederkehrenden Frequenzmustern bei Walgesängen (*Töne-Affinität*).

Beispiele für die Arbeitsphase *Ausdenken* sind: das Schreiben eines Buches mit selbst erdachtem Inhalt (*Wörter-Affinität*), Programmieren von Algorithmen in der Datenverarbeitung (*Zahlen-Affinität*), Konzipieren von nutzerfreundlichen Bedieneroberflächen von Apps (*Bilder-Affinität*), Konzepterstellung für verkettete Produktionsanlagen (*Materie-Affinität*), Entwicklung eines artengerechten Gehegekonzepts für einen Zoo (*Tiere-Affinität*), Entwicklung eines robotergestützten Pflegekonzepts (*Physis-Affinität*), Entwicklung einer repräsentativen politischen Umfrage (*Psyche-Affinität*), Entwicklung von Versuchsreihen für einen Teilchenbeschleuniger (*Phänomene-Affinität*) und die Weiterentwicklung von sprachgesteuerten Bedienungen für technische Geräte (*Töne-Affinität*).

Beispiele für die Arbeitsphase *Ermöglichen* sind: umfangreiche textbasierte Ausbildungshandbücher erstellen (*Wörter-Affinität*), formelbasierte Formulare in einem Tabellenkalkulationsprogramm erstellen (*Zahlen-Affinität*), verzweigte Ablaufpläne als visuelle Arbeitsanleitung erstellen (*Bilder-Affinität*), Problemlöse- und Instandhaltungschecklisten für komplizierte Maschinen erstellen (*Materie-Affinität*), Trainingspläne für die Ausbildung von Polizeihunden erstellen (*Tiere-Affinität*), Trainertätigkeit für eine Fußballmannschaft (*Physis-Affinität*), Erstellen eines Gesprächsleitfadens für strukturierte Vorstellungsgespräche (*Psyche-Affinität*), Vorbereitung der Wettervorhersage für den Nachrichtensprecher (*Phänomene-Affinität*) und die Justierung von Lockrufpfeifen für die Jagd (*Töne-Affinität*).

2.3.3.3 Komplex

Der Unterschied zwischen *kompliziert* und *komplex* wurde in den letzten Jahren ausführlich in der Literatur diskutiert und dürfte theoretisch klar sein. Die Verwendung dieser Begriffe im beruflichen Alltag spiegelt diese theoretische Erkenntnis jedoch nur selten wider. In Bezug auf Affinitäten und Tätigkeitsfelder bedeutet der Unterschied zwischen *kompliziert* und *komplex*, dass bei *komplexen* Tätigkeiten zusätzlich eine Uneindeutigkeit aufgrund von Mehrfachbeziehungen zwischen den Elementen und Informationen hinzukommt. Das führt dann dazu, dass das Ergebnis bestimmter Arbeitsprozesse und Analysen nicht oder kaum prognostizierbar ist. Oft liefern die Ergebnisse nur Tendenzen, Bewegungsrichtungen, aber keine klar abgrenzbaren Zahlen und Daten, wie es bei *komplizierten* Tätigkeiten der Fall ist. Von daher ist eine datenbasierte Detailanalyse oft nicht möglich, sondern es geht darum, grundlegende Muster zu erkennen und zu nutzen. »Fuzzy-Logic« ist der Fachbegriff für eine Theorie und die daraus abgeleitete Arbeitsmethodik, deren Bestandteil der Umgang mit Unschärfen ist. Menschen, die ohne klare Zahlen, Daten und Fakten nicht arbeiten können, haben in der Regel keine Affinität zu komplexen Tätigkeitsfeldern.

Wer ohne klare Zahlen, Daten und Fakten nicht arbeiten kann, hat meist keine Affinität zu komplexen Tätigkeitsfeldern.

Ein weiteres Merkmal *komplexer* Aufgaben und Tätigkeitsfelder ist eine Unklarheit in der Ausgangslage oder bei verschiedenen Informationen im Laufe des Bearbeitungsprozesses. Außerdem können Veränderungen und Dynamiken während der Bearbeitung eintreten, was vom Bearbeiter eine große Bandbreite an Arbeitsmethoden und die Fähigkeit, sich auf Unschärfen und Veränderungen einzulassen, erfordert.

Als Unterschied zwischen *kompliziert* und *komplex* wird immer wieder das Beispiel von komplizierten technischen Geräten, wie beispielsweise einer Schweizer Uhr zitiert, die auf den Laien *komplex* im Sinne von »nicht nachvollziehbar« und »mehr als kompliziert« wirkt. Bei genauer Betrachtung ergibt sich aber eine eindeutige Struktur mit technisch klaren Abhängigkeiten der einzelnen Bauteile, sodass der Zusammenbau eines solchen technischen Meisterwerks »nur« als *kompliziert* eingestuft werden kann. Das eigene Bauchgefühl suggeriert möglicherweise die Zuordnung *komplex*, aber mit den oben genannten Parametern lässt sich die Zuordnung logisch beurteilen.

Das Beispiel gibt einen weiteren interessanten Hinweis. Die menschliche oder datentechnische Begrenzung in der Aufnahmefähigkeit kann dazu führen, dass ein Aufgabenfeld als *komplex* eingestuft wird, weil es »nicht eindeutig« erscheint. Erhöht man jedoch – theoretisch oder auch praktisch – die Aufnahme- und Verarbeitungskapazität von Mensch und Maschine, kann sich ein für *komplex* gehaltener Vorgang als »nur« *kompliziert* herausstellen.

Komplexe Vorgänge können sich als »nur« kompliziert herausstellen, wenn man die Aufnahme- und Verarbeitungskapazität erhöht.

Menschen mit der Affinität zu *komplexen* Aufgabenstellungen haben im Regelfall – ähnlich der Affinität *kompliziert* – Freude an intellektuellen Herausforderungen, wobei aber nicht die Eindeutigkeit, sondern eher das große Ganze und die Logik von Prinzipien statt Details im Vordergrund stehen.

Beispiele für die Arbeitsphasen-Affinität *Machen* sind: das Moderieren einer Podiumsdiskussion zu einem heiklen Thema (*Wörter-Affinität*), Datenanalyse und Mustererkennung in einem Big-Data-Projekt (*Zahlen-Affinität*), das Erstellen interaktiver, computergenerierter Filme (*Bilder-Affinität*), das Herstellen von detailreich organisch geformten Bauteilen mithilfe von linear arbeitenden Werkzeugen (*Materie-Affinität*), das Dressieren von Tieren (*Tiere-Affinität*), medizinische Eingriffe am Gehirn (*Physis-Affinität*), diplomatische Verhandlungen bei einer Geiselnahme (*Psyche-Affinität*), das Erstellen einer langfristigen Unwetterprognose (*Phänomene-Affinität*) und das erstmalige Konfigurieren eines Beschallungssystems für ein Veranstaltungszentrum (*Töne-Affinität*).

Beispiele für die Arbeitsphase *Ausdenken* sind: das Ausdenken und Verfassen eines politisch brisanten Buches mit Doppeldeutigkeiten und unterschwelligen Botschaften (*Wörter-Affinität*), die Entwicklung mathematischer Modelle für die Korrelation empirisch ermittelter Datenmengen (*Zahlen-Affinität*), die Entwicklung neuartiger bildgebender Verfahren in der Medizintechnik (*Bilder-Affinität*), das Entwickeln von mehrdimensionalen und ineinander verschachtelten biomechanischen Produktionsprozessen (*Materie-Affinität*), Konzepterstellung für die Entwicklung und Aufzucht einer neuen Hunderasse (*Tiere-Affinität*), Entwicklung neuer Behandlungskonzepte für seltene tropische Krankheiten (*Physis-Affinität*), Entwicklung von Persönlichkeitsmodellen (*Psyche-Affinität*), Entwicklung von seismologischen Prognosemodellen (*Phänomene-Affinität*) und die Gesamtkonzeption der Akustikplanung im Fahrzeugbau (*Töne-Affinität*).

Beispiele für die Arbeitsphase *Ermöglichen* sind: das Vorbereiten einer politischen Rede als Ghostwriter (*Wörter-Affinität*), die Ausarbeitung von Unterlagen für Lehrkräfte der höheren Mathematik (*Zahlen-Affinität*), die Gestaltung von virtuellen Welten für Computerspiele (*Bilder-Affinität*), Konfiguration und Einstellung künstlicher Herzklappen in Vorbereitung auf eine OP (*Materie-Affinität*), das Erstellen von Trainingsplänen für Spürhunde (*Tiere-Affinität*), Assistenztätigkeiten bei einer Herzoperation (*Physis-Affinität*), Persönlichkeitscoaching für Führungskräfte (*Psyche-Affinität*), Interpretation und Bereitstellung von Satellitendaten für Wetterdienste (*Phänomene-Affinität*) und das Ausbilden und Vorbereiten von Instrumentalisten für ein neues Musical (*Töne-Affinität*).

2.4 Die Darstellung des Modells

Ein Modell hat in der Regel den Sinn, die komplexe Wirklichkeit zu vereinfachen und damit leicht verständlich und anschaulich zu machen. Dies gilt auch für das Affinitäten-Modell. Auf den ersten Blick mag die Art der Darstellung von anderen Modellen bekannt sein. Sie birgt jedoch auch eine Logik, die nicht jedem Kreismodell innewohnt.

2.4.1 Themen-Affinitäten

Die Themen-Affinitäten sind auf einem Kreis angeordnet. Entsprechend der oben beschriebenen Gleichwertigkeit der einzelnen Themen-Affinitäten hat der Affinitäten-Kreis auch keinen definierten Anfangs- oder Endpunkt, sondern kann beliebig gedreht werden. Ein lineares Modell würde diese Gleichwertigkeit der Affinitäten nicht angemessen widerspiegeln. Ein zweiter wichtiger Grund für die kreisförmige Struktur sind die Nachbarbeziehungen der Affinitäten. Die grafische Anordnung benachbarter Affinitäten repräsentiert Ähnlichkeiten und Übergänge zwischen den Affinitäten.

Benachbarte Affinitäten im Modell haben Ähnlichkeiten und inhaltliche Übergänge.

Das ist wichtig, um in der praktischen Anwendung des Modells Rückschlüsse auf die Eignung einer Person für benachbarte Affinitäten ziehen zu können.

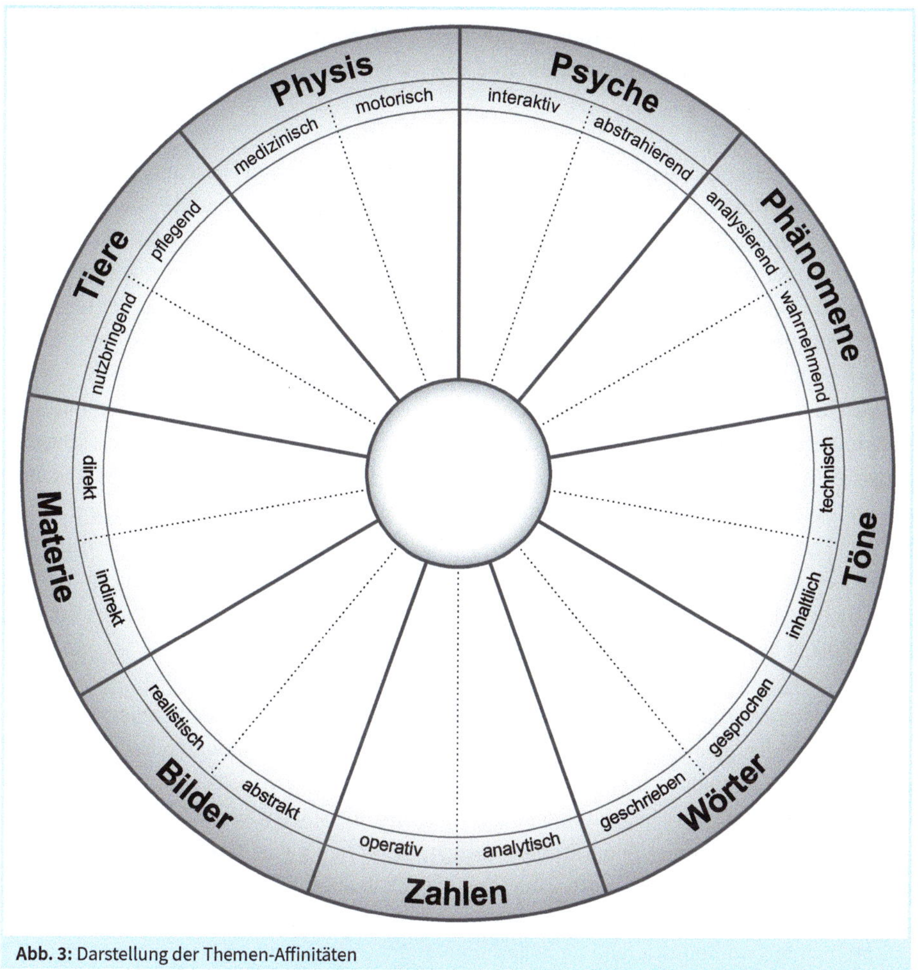

Abb. 3: Darstellung der Themen-Affinitäten

Worin die Nachbarbeziehungen der Affinitäten im Modell bestehen, soll an dieser Stelle nur in den großen Zusammenhängen skizziert werden. Aufgrund der Gleichwertigkeit der Themen-Affinitäten könnte die Beschreibung an jeder Stelle des Affinitäten-Kreises beginnen.

Beginnen wir mit der Affinität zu *Phänomenen*. Denn letztendlich ist alles Neue, Unbekannte zunächst einmal ein Phänomen, das auf manche Menschen abschreckend wirken kann, bei anderen dagegen Neugier und Forschergeist weckt. Und ob wir wollen oder nicht, werden wir als Baby mit einer Umwelt und Eindrücken konfrontiert, die für jeden neuen Erdenbürger zunächst unerklärlich, rätselhaft, verblüffend, nicht fassbar im wahrsten Sinne des Wortes sind.

Noch bevor Babys in der Lage sind zu sehen, können sie Geräusche, *Töne* wahrnehmen. Die ersten Versuche der gesteuerten Reaktion auf diese Eindrücke sind ebenfalls Geräusche, Laute, die ein Baby von sich gibt. Gleichermaßen basiert die Interaktion mit Erwachsenen auf anfangs unkoordinierten verbalen Äußerungen, die aber bald auch ohne Wörter eine Bedeutung bekommen, bewusst eingesetzt werden und von den Erwachsenen nach einiger Zeit gezielt gedeutet werden können.

Die Geräusche, Klänge, *Töne* bilden die Grundlage und damit auch die Verbindung zur *Wörter*-Affinität. Ohne Töne keine Sprache. Und ohne Satzmelodie wären Wörter und Sprache missverständlich, denn die Botschaft liegt oft zwischen den Zeilen und auch zwischen den Buchstaben. Somit sind Wörter eine Codierung, die einerseits durch Töne hörbar gemacht werden kann. Andererseits können Wörter und damit Informationen ohne die Unmittelbarkeit der hörbaren Kommunikation durch Schriftsprache codiert und decodiert werden.

Die Verbindung zwischen *Wörtern* und *Zahlen* ist die Abstraktion und Codierung von Informationen. Natürlich können Zahlen auch als Wörter geschrieben werden: dreihundertachtundzwanzig statt 328. Die Abstraktion reduziert die unnötige Informationsmenge auf das Wesentliche und hilft außerdem, Rechenoperationen und eindeutige Logik anzuwenden. Anders herum müssen Zahlen oft interpretiert und in einen Sachzusammenhang gestellt werden, wofür Wörter als Beschreibung zum besseren Verständnis dienen. Zahlen und Wörter haben gemeinsam, dass sie geschrieben, gelesen und gesprochen werden können und in dieser Beziehung eine Eindeutigkeit besteht.

Die Verbindung zwischen *Zahlen* und *Bildern* lässt sich gut in den römischen Zahlen und in der Geometrie finden. Alle Geometrie beruht auf Zahlenverhältnissen. Andererseits werden Zahlenverhältnisse geometrisch dargestellt, um ihre Bedeutung zu visualisieren. Dieser Zusammenhang wird besonders bei historischen Bauwerken – beispielsweise im alten Ägypten, bei den Mayas und anderen Frühkulturen – deutlich, bei denen ganze Bauanlagen nach immer wiederkehrenden oder symbolisch bedeutsamen Zahlenverhältnissen, beispielsweise dem sogenannten Goldenen Schnitt, aufgebaut wurden. Insbesondere astronomische Zahlenverhältnisse aufgrund von Sternenkonstellationen standen im Mittelpunkt des Interesses und wurden architektonisch und bildlich verwendet. Aber auch andere verblüffend erscheinende mathematische Zusammenhänge waren Gegenstand der Faszination und somit Grundlage für zwei- und dreidimensionale Abbildungen.

Die Verbindung zwischen *Bildern* und *Materie* liegt besonders bei den realistischen Bildern auf der Hand, indem der Drang und die Methodik, Erlebtes bildhaft darzustellen, so alt ist wie die Menschheit selbst. Ob Höhlenmalerei oder Konstruktionszeichnung – Bilder halten bestimmte Situationen des Lebens, Informationen und Erkenntnisse fest. Andererseits helfen Bilder, Gedanken zu veranschaulichen, um zu kommunizieren und so gemeinsame Tätigkeiten im Rahmen der Bearbeitung von Materie umsetzen zu können. Natürlich kann man die Funktionsweise einer Maschine mit Worten erklären. Aufgrund des geringen Erfolgs dieser Vorgehensweise hat das vielsagende Sprichwort des einen Bildes, das mehr sagt als tausend Worte, nach wie vor Gültigkeit. Und dass die Skizze die Sprache des Ingenieurs ist, ist auch keine neue Erfindung. Einen ganz modernen Zusammenhang bilden die How-to-Videos auf bekannten

Videoportalen, die sich großer Beliebtheit erfreuen, wenn es darum geht, die Handhabung von Maschinen, Geräten und Bearbeitung von Materie nachvollziehbar zu erklären.

Die Verbindung zwischen *Materie* und *Tieren* ist einerseits die Motivation und Bereitschaft, sich die Hände schmutzig zu machen. Andererseits geht es um etwas Sichtbares, Be-*greif*-bares. *Wörter*, *Zahlen* und *Bilder* sind mehr oder weniger abstrakt. Sie können zwar etwas über *Materie* und *Tiere* aussagen, aber das Anfassen, das Begreifen – im eigentlichen Wortsinn – nicht ersetzen. Ethisch herausfordernd ist die Frage, wann ein Tier aufhört, Tier zu sein und eher als Materie betrachtet werden kann oder soll. Konkret wird diese Frage bei der Weiterverarbeitung von tierischen Erzeugnissen einschließlich der Tierkörper selbst. Ist eine Salami eher Tier oder eher Materie? Aber unabhängig von der Ethik zeigt sich an dieser Frage der enge Zusammenhang beider Themen-Affinitäten. Auch in der ursprünglichen Landwirtschaft war der Zusammenhang Jahrtausende lang offensichtlich, wenn die Materie des Ackerbodens mithilfe von Tieren gepflügt wurde oder Bienen die Honig-Materie produzierten.

Die Verbindung zwischen der Affinität zu *Tieren* und (menschlicher) *Physis* ist das Körperliche. In beiden Fällen handelt es sich um Lebewesen. Je ähnlicher sich in diesem Zusammenhang Aussehen, Struktur und Eigenschaften von Mensch und einer bestimmten Tierart sind, desto deutlicher wird der Zusammenhang zwischen den beiden Themen-Affinitäten. Wenn so manche Tiere als Freunde des Menschen bezeichnet werden und nicht selten als Partnerersatz herhalten, dann kann dies zwar mit einem Augenzwinkern betrachtet werden, zeigt aber dennoch die gelebte Affinitätenverbindung. Eine weitere relevante Verbindung besteht in der emotionalen Beziehung. Für die Personaldiagnostik ist daher die altbekannte Weisheit interessant, in der es heißt, dass Menschen, die nicht gut mit Tieren umgehen, tendenziell auch eine geringere soziale Kompetenz haben als Menschen, die sich Tieren gegenüber respektvoll verhalten.

Die Verbindung zwischen (menschlicher) *Physis* und *Psyche* ist ganz eindeutig der Mensch, der diese beiden Anteile in sich vereint. Alle weiteren Erklärungen dieser Verbindung sind offensichtlich und deshalb an dieser Stelle überflüssig.

Die Verbindung zwischen der Affinität zu *Psyche* und zu *Phänomenen* ist die Wahrnehmung. Phänomene werden in der Regel zuerst psychisch wahrgenommen: emotional als Schreck oder Staunen über einen Blitz, über ein Erdbeben, über optische Phänomene. Die menschliche Psyche bewertet diese Wahrnehmung in Bruchteilen von Sekunden – lange bevor der Verstand Worte für das Wahrgenommene gefunden hat. Anders herum stellt wohl die menschliche Psyche das größte Phänomen im Sinne des Rätselhaften, Unerklärlichen, Unfassbaren dar.

Die Verbindung zwischen der Affinität zu *Phänomenen* und zu *Tönen* sind Schwingungen. Denn letztendlich basieren wahrscheinlich nahezu alle Phänomene auf Schwingungen. Optischen Phänomenen liegen die Schwingungen der Lichtwellen zugrunde. Auch die Elektrizität gäbe es ohne Schwingungen nicht. Am eindrucksvollsten sind sicherlich Naturphänomene wie Erdbeben, bei denen Schwingungen als solche auch in erschreckender Stärke von allen Betroffenen wahrgenommen werden. Die Affinität zu Tönen nimmt den kleinen Bereich der für den Menschen hörbaren Schwingungen heraus, mit dessen Hilfe die unerklärlichsten Phänomene in hörbare und verständliche Worte gefasst werden.

Diese Verbindungen können beim Abgleich von Affinitäten-Anforderungsprofilen zu konkreten Affinitätenprofilen von Personen eine große Hilfe sein, um die Plausibilität und Bandbreite der konkreten Affinitäten auszuloten.

2.4.2 Arbeitsphasen-Affinitäten

Die Arbeitsphasen-Affinitäten sind im Modell als konzentrisch abgestufte Kreise dargestellt. Zusammen mit den Themen-Affinitäten ergeben sie so ein zweidimensionales Kreis-Koordinatensystem (Polarkoordinaten). Dabei zeigt der Winkel die Themen-Affinität, und der Radius kennzeichnet die Arbeitsphasen-Affinität. Die Reihenfolge, in der die Arbeitsphasen-Affinitäten den konzentrischen Kreisen zugeordnet sind, illustriert einen wichtigen Zusammenhang: Je stärker jemand in Richtung der Arbeitsphase *Machen* tendiert, desto relevanter sind die zu bearbeitenden Themen.

Je stärker jemand in Richtung der Arbeitsphase *Ausdenken* tendiert, desto geringer ist die Relevanz der Themenzuordnung. Anders ausgedrückt heißt das: Die Tätigkeiten und die damit verbundenen Affinitäten in der Arbeitsphase *Machen* sind sehr unterschiedlich hinsichtlich der Arbeitsabläufe, Werkzeuge und der Arbeitsweise. So unterscheidet sich beispielsweise das Ausfüllen von textbasierten Formularen (*Wörter-Affinität*) ganz offensichtlich erheblich von der operativen Arbeit im Bergbau (*Materie-Affinität*). Das wird durch die Anordnung der Arbeitsphase *Machen* im äußeren Bereich des Modells verdeutlicht. Geht es dagegen um das *Ausdenken* von Konzepten und Ideen, ist das Thema zwar nicht irrelevant, aber nicht mehr so gravierend entscheidend für die Arbeitsabläufe, Werkzeuge und Arbeitsweisen. Denn das konzeptionelle Arbeiten beim Entwickeln von Trainingsplänen für eine Sportart (*Physis-Affinität*) hat durchaus Parallelen zur konzeptionellen Tätigkeit bei der Entwicklung von bildgebenden Verfahren (*Bilder-Affinität*). Von daher ist die Arbeitsphase *Ausdenken* um den Kreismittelpunkt des Modells angeordnet, an dem die *Themen-Affinitäten* enger zusammenrücken.

Je stärker jemand in Richtung der Arbeitsphase Machen tendiert, desto relevanter sind die zu bearbeitenden Themen.

Praktisch bedeutet das, dass es wesentlich leichter ist, jemanden mit der Arbeitsphasen-Affinität *Ausdenken* beispielsweise von der Forschungsabteilung eines produzierenden Unternehmens (*Materie-Affinität*) in eine medizinische Forschungsabteilung (*Physis-Affinität*) wechseln zu lassen, als einen operativ tätigen Bankkaufmann (*Zahlen-Affinität*) zum Tierpfleger im Zoo (*Tiere-Affinität*) umzuschulen. Dass es Beispiele gibt, die in der Praxis das Gegenteil zeigen, negiert nicht das Affinitäten-Modell, sondern signalisiert, dass diese Personen offensichtlich andere Affinitäten hatten, als ihre Berufsbezeichnung vermuten ließ.

Diese Unterscheidung führt bei Menschen mit der *Machen-Affinität* regelmäßig zu Verwunderung darüber, dass Unternehmensberater Firmen unterschiedlichster Branchen und damit unterschiedlichster Themen-Affinitäten beraten (können), obwohl sie für das jeweilige Fachthema der betreffenden Branche weder Ausbildung noch Studium absolviert haben. Ähnlich verhält es sich bei Politikern, die von heute auf morgen zwischen dem Familienministerium und dem Verteidigungsministerium wechseln. Um nicht missverstanden zu werden: Der beschriebene Zusammenhang soll verdeutlichen, dass es *leichter* ist, Themen in der Arbeitsphase *Ausdenken* zu wechseln als in der Arbeitsphase *Machen*. Wie gut jemand solche Wechsel tatsächlich meistert, ist eine andere Frage, die hier nicht beurteilt werden soll und in der Regel von mehreren Faktoren abhängt.

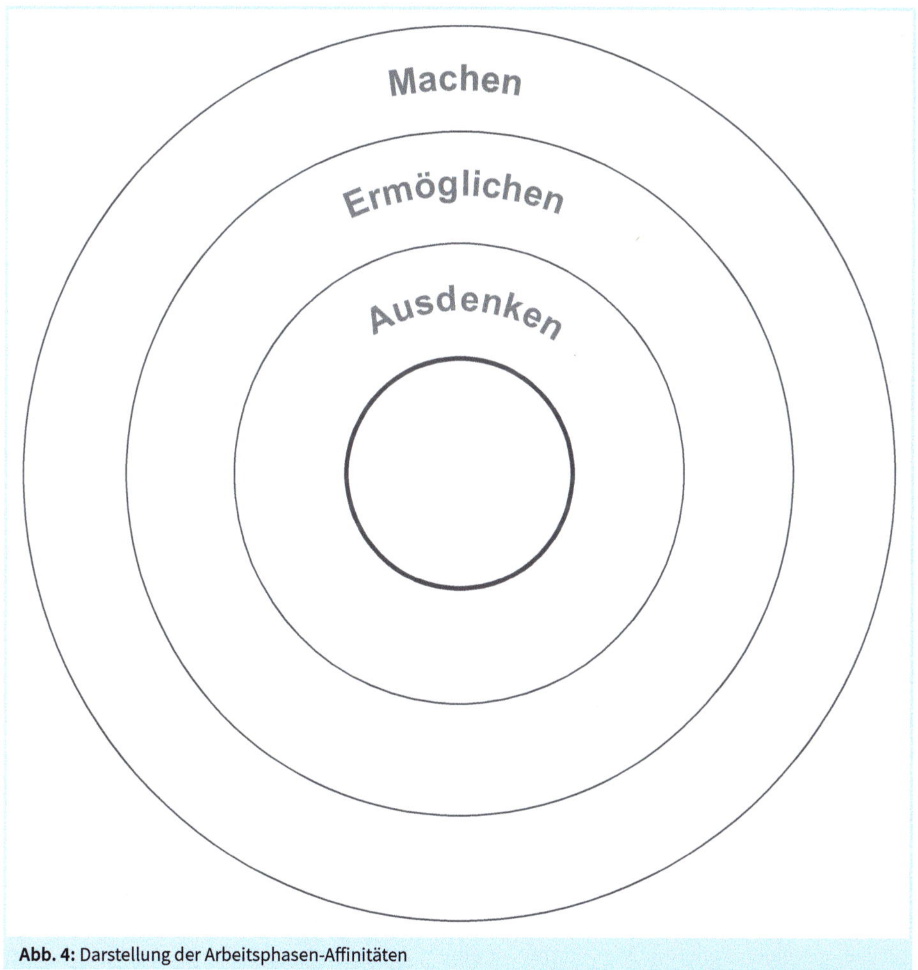

Abb. 4: Darstellung der Arbeitsphasen-Affinitäten

2.4.3 Komplexitäts-Affinitäten

Die Komplexitäts-Affinitäten bilden die dritte Dimension in diesem Modell. Um diese dritte Dimension in zweidimensionalen Darstellungen abbilden zu können, werden die Komplexitäts-Affinitäten farbig dargestellt. Die farbigen Flächen markieren gleichzeitig die Verortung der Kombination aus Themen- und Arbeitsphasen-Affinitäten. Somit lässt sich anhand der farbigen Flächen aber unabhängig von der konkreten Farbe im Affinitäten-Modell auf einen Blick erfassen, in welchen Themen- und Arbeitsphasen eine Person oder auch ein Team Affinitäten hat. Ebenfalls lässt sich auf einen Blick die Ausprägung der Komplexitäts-Affinitäten erfassen. Eine Person mit überwiegend blauen Farbfeldern wird generell eher *einfache* Tätigkeiten bevorzugen, während eine Person mit mehrheitlich orangefarbenen Feldern *komplexe* Aufgaben präferiert.

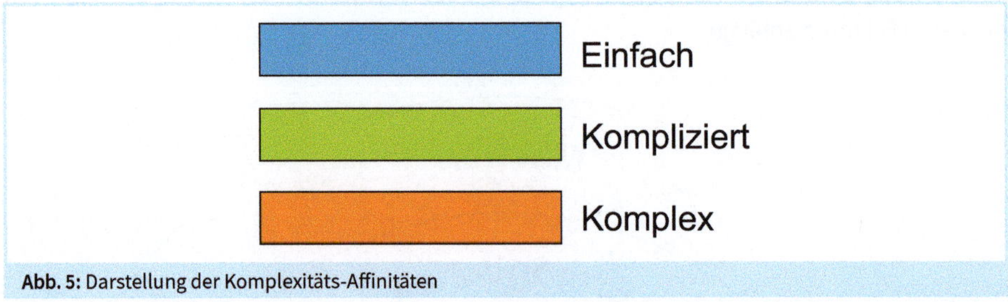

Abb. 5: Darstellung der Komplexitäts-Affinitäten

2.5 Weitere Affinitäten

Manche Menschen vermissen etwas im Affinitäten-Modell. Entweder vermissen sie Themen-Affinitäten, für die sie keine Zuordnung im Affinitäten-Modell finden. Oder sie vermissen spezifische Rollen, die sie aus bestimmten Persönlichkeitsmodellen kennen. Die Frage nach vermeintlich vermissten Themen-Affinitäten wurde bereits in Kapitel 2.3.1.10 beantwortet.

Bei den vermissten Rollen geht es oft um den Wunsch nach Erweiterung der Arbeitsphasen-Affinitäten. Denn wenn es Ausdenker, Ermöglicher und Macher gibt, müsste es doch auch Hinterfrager, Motivierer, Pessimisten, Beobachter, Berater, Controller, Unternehmer, Stabilisatoren, Spezialisten und andere mehr geben. Die Antwort lautet: Ja, in Teams gibt es Menschen, die diese Rollen einnehmen, und die Reihe der Rollen kann noch um viele weitere fortgesetzt werden. Beim Affinitäten-Modell geht es aber nicht um Rollen, sondern um Arbeitsphasen. Und es geht um die Affinitäten, die hinter verschiedenen Rollen stecken. Und es geht um Affinitäten, die entlang eines Entstehungsprozesses auf das Hervorbringen von nutzbringenden Resultaten ausgerichtet sind.

Viele Überlegungen hinsichtlich Rollen-Affinitäten können mit zwei Fragen geklärt werden. Erstens: Sollen mit den verschiedenen Rollen alle denkbaren Charaktere abgebildet werden oder nur die, die einen konstruktiven Beitrag zu einem gewünschten Resultat bringen? Zweitens:

Welche Affinitäten müssen die jeweiligen Rolleninhaber besitzen, um einen positiven Beitrag zum Entstehungsprozess des nutzbringenden Ergebnisses zu leisten?

Wenn man allein diese beiden Fragen in den weiter unten beschriebenen Anwendungsfällen stellt, trennt sich oft schon von selbst die Spreu vom Weizen. Denn diese Fragen fokussieren ganz klar auf die Zusammenarbeit auf ein Ziel hin. Rollen, die keinen positiven Beitrag zum Hervorbringen eines nutzbringenden Ergebnisses leisten, haben im Affinitäten-Modell keinen Platz. Der Umkehrschluss lautet also: Wenn ich mich im Affinitäten-Modell nicht wiederfinde, sollte ich mir ernsthaft Gedanken darüber machen, welchen Beitrag auf dem Weg zum Gesamtergebnis ich einbringen kann und will.

Die zweite Frage, die den Wertschöpfungsbeitrag von Rolleninhabern reflektierend hinterfragt, hilft – egal um welche Rolle oder Rollenbezeichnung es geht –, auf den Beitrag zum Erfolg im Team, im Unternehmen zu fokussieren. Damit drängt das Affinitäten-Modell zur Klarheit in Bezug auf den individuellen Beitrag zu nutzbringenden Resultaten.

Natürlich können alle im Modell genannten Affinitäten noch weiter ausdifferenziert werden. Das soll auch im konkreten Anwendungsfall so sein. Aber die Leitfrage muss immer lauten: Auf wie wenige Grund-Affinitäten kann ein Modell reduziert werden, um effektiv damit arbeiten zu können? Die meisten zusätzlich gewünschten speziellen Affinitäten lassen sich bei genauer Betrachtung entweder mit den im Modell genannten Affinitäten oder deren Kombinatorik abbilden. Oder sie sind nicht Kernbestandteil eines nutzbringenden Entstehungs- oder Wertschöpfungsprozesses.

Das Affinitäten-Modell drängt zur Klarheit in Bezug auf den individuellen Beitrag zu nutzbringenden Resultaten.

Letzteres trifft insbesondere auf die sogenannten »Konsum-Affinitäten« zu. Dabei handelt es sich um Affinitäten, die durchaus den verschiedenen Themen-Affinitäten zugeordnet werden können. Allerdings sind diese Affinitäten nicht auf das Hervorbringen eines für andere Menschen nutzbringenden Ergebnisses ausgerichtet, sondern auf das Konsumieren eines bereits von anderen Menschen hervorgebrachten Ergebnisses. So haben manche Menschen eine Konsum-Affinität zum Computerspielen, andere gehen gern ins Kino, verreisen gern, treiben Sport, lesen Bücher, hören Musik, reiten, spielen Sudoku, diskutieren gern und vieles mehr. Wer mag, kann das Affinitäten-Modell auch für das Identifizieren von Konsum-Affinitäten verwenden.

Unabhängig davon bleibt das Hervorbringen von nutzbaren Resultaten das Kriterium für die Frage, ob eine bestimmte Affinität Teil dieses Modells sein kann oder nicht. Das Konsumieren kann bei Bedarf als zusätzlicher konzentrischer Kreis der Arbeitsphasen-Affinitäten verstanden werden. Daraus würde die Reihenfolge entstehen: Ausdenken, Ermöglichen, Machen, Konsumieren.

Wer mag, kann das Affinitäten-Modell auch für das Identifizieren von Konsum-Affinitäten verwenden.

Das Konsumieren als eigene Arbeitsphase ist allerdings ein Widerspruch in sich, weil Konsumieren im Normalfall keine *Arbeit* ist. Während Menschen in den Arbeitsphasen *Ausdenken*, *Ermöglichen* und *Machen* tage- und wochenlang, über Jahre hinweg bis zum wohlverdienten Ruhestand motiviert tätig sein können, geschieht Konsumieren eher punktuell. Einmal pro Woche ins Kino gehen, ein gutes Buch lesen, zweimal pro Woche ein gutes Essen im Restaurant genießen. Wo Konsumieren analog zum Arbeiten zu einer Dauertätigkeit wird, wird es früher oder später belastend oder krankhaft. Schon in der Bibel wurde das Zahlenverhältnis der Zeit von eins zu sechs zugunsten der Arbeit aufgestellt[21], das sich in weiten Teilen der Welt bis heute erfolgreich durchgesetzt hat.

Für das Hervorbringen von Resultaten reichen die vorhandenen drei Arbeitsphasen, sodass das Konsumieren kein Bestandteil des Affinitäten-Modells ist.

2.6 Menschen ohne Affinitäten

Es mag sein, dass es Menschen gibt, die nach eigener Einschätzung keine Affinitäten im Sinne dieses Modells haben oder zumindest haben wollen. Diese Menschen haben entweder ihre wahren Affinitäten noch nicht entdeckt oder sie haben tatsächlich an nichts wirklich Interesse.

Letzteres zuzugeben fällt schwer, denn es würde bedeuten, keine nutzbringenden Resultate hervorbringen zu wollen. Aber auch das mag sein. Im Affinitäten-Modell muss nicht zwangsläufig jede Person verortet werden können. Das Affinitäten-Modell ist für die Menschen gedacht, die einen positiven Beitrag zu einem nutzbringenden Ergebnis leisten können und wollen. Wer das nicht möchte, braucht das Affinitäten-Modell nicht oder gibt ein leeres Blatt ab.

Manche Menschen haben ihre Affinitäten noch nicht entdeckt oder sie haben tatsächlich an nichts wirklich Interesse.

Damit unterscheidet sich das Affinitäten-Modell von den meisten Persönlichkeitsmodellen. Denn unabhängig vom eigenen Beitrag zu einem Ergebnis kann von jedem Menschen ein Persönlichkeitsprofil erstellt werden. Auch die Anzahl der Parameter ist bei den meisten Persönlichkeitsmodellen für jedes Profil gleich. Beim Affinitäten-Modell kann die Anzahl der identifizierten Affinitäten durchaus stark variieren. Viele Affinitäten zu haben, deutet auf vielseitige Einsatzmöglichkeiten hin, birgt aber auch gleichzeitig das Risiko der Verzettelung. Menschen mit wenigen Affinitäten brauchen einen maßgeschneiderten Einsatzbereich, um wirklich effektiv arbeiten zu können. Wenn sie einen solchen Einsatzbereich gefunden haben, können sie sich aber voll und ganz auf ihre Affinitäten konzentrieren, ohne sich zu verzetteln.

21 Vgl. Bibel: Exodus 20,9-10: Sechs Tage sollst du arbeiten und alle deine Werke tun. Aber am siebenten Tage ist der Sabbat des HERRN, deines Gottes. Da sollst du keine Arbeit tun. (Die Bibel nach Martin Luthers Übersetzung, revidiert 2017, © 2016 Deutsche Bibelgesellschaft, Stuttgart.)

2.7 Das Baukasten-System der Affinitäten

Das Affinitäten-Modell besteht aus neun *Themen-Affinitäten* mit jeweils zwei Unterthemen. Dazu kommen die drei *Arbeitsphasen-Affinitäten* und die drei *Komplexitäts-Affinitäten*. Addiert man diese Elemente, ergeben sich 24 Einzelelemente, aus denen das Modell zusammengesetzt ist[22].

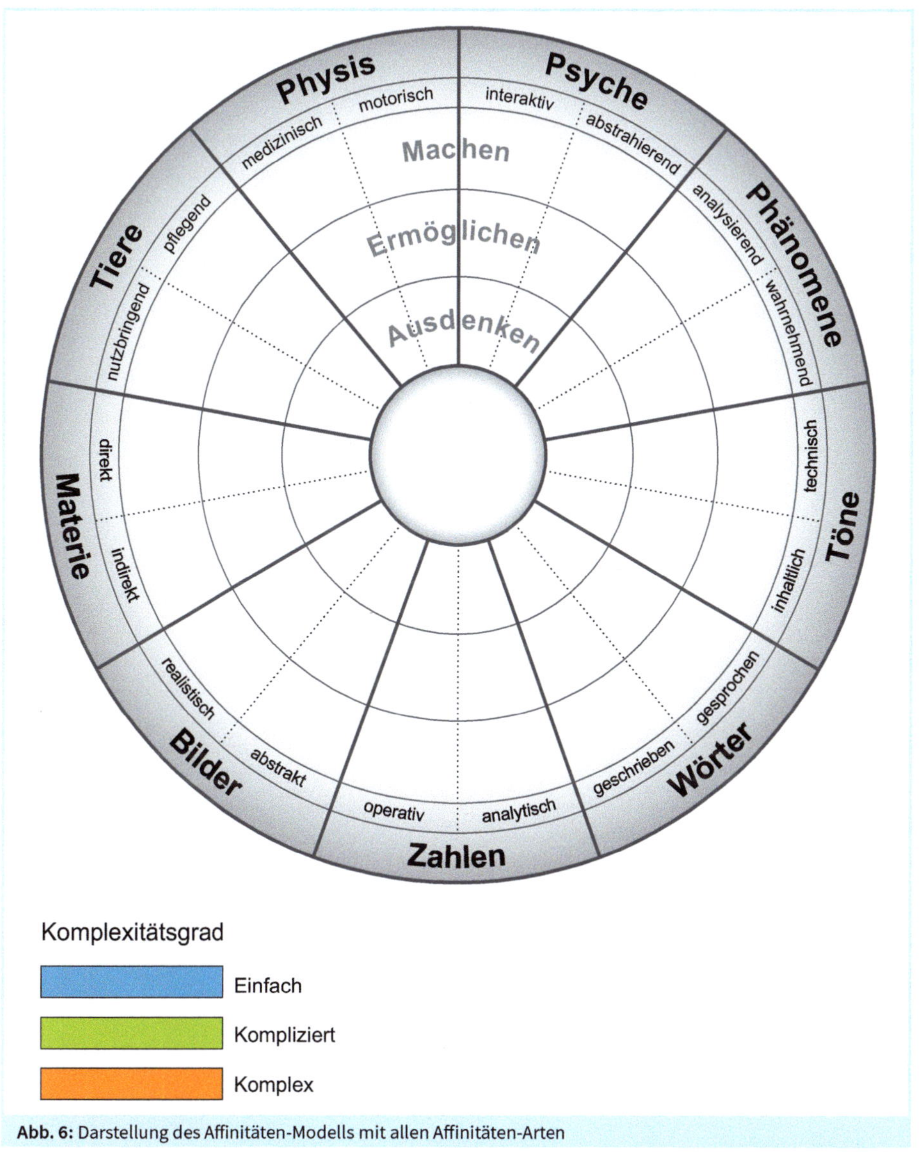

Abb. 6: Darstellung des Affinitäten-Modells mit allen Affinitäten-Arten

22 9 × 2 Unterthemen-Affinitäten + 3 Arbeitsphasen + 3 Komplexitätsgrade = 24.

Diese Einzelelemente bilden den Baukasten, aus dem Affinitätenprofile für Tätigkeitsfelder und für Personen entstehen. Auch wenn die Anzahl von nur 24 Einzelelementen sehr überschaubar ist, ergeben sich für die Einzelelemente 216 Optionen[23]. Durch Kombination der 24 Einzelelemente bei der Erstellung von Affinitätenprofilen lassen sich aus diesen 216 Optionen nahezu unendlich viele mögliche Profilvarianten erzeugen[24]. Damit können mit nur 24 Einzelelementen unterschiedlichste Affinitätenprofile als Anforderungsprofile und Personenprofile beschrieben werden, die man aufgrund ihrer Unterschiedlichkeit auch als Affinitäten-Fingerabdruck bezeichnen könnte.

Aufgrund der Vielzahl möglicher Kombinationen kommen die Profile einem Affinitäten-Fingerabdruck gleich.

23 9 × 2 Themen × 3 Arbeitsphasen × 4 (3 Komplexitätsgrade plus die Option, das Feld leer zu lassen) = 216.

24 4 Optionen (leer, einfach, kompliziert, komplex) pro Feld im Affinitäten-Modell (9 Themen × 2 Unterthemen × 3 Arbeitsphasen = 54 Felder) in beliebiger Kombinatorik untereinander ergeben 4 hoch 54 Kombinationsmöglichkeiten.

3 Anwendungsfelder des Affinitäten-Modells

Der Titel dieses Buches umreißt die Bandbreite der Anwendungsfelder des Affinitäten-Modells. Die Begriffe *Potenzial- und Kompetenzmanagement* sind dabei wie eine Überschrift und Zusammenfassung einzelner Anwendungsfelder zu verstehen. Dabei wird jeder Anwender selbst auswählen, ob er die einzelnen Einsatzbereiche des Affinitäten-Modells unabhängig von den anderen nutzt oder als miteinander verbundene Anwendungsmöglichkeiten in ein Gesamtsystem des Potenzial- und Kompetenzmanagements integriert.

Am Ende geht es bei der praktischen Anwendung immer um bestmögliche Personalentscheidungen, die die Grundlage für Erfolg bilden. *Erfolg* ist dabei das Resultat, das im Normalfall als logische Folge guter Personalentscheidungen *er-folgt*. Dabei ist der Begriff *Erfolg* nicht eindimensional zu verstehen, sondern er bezieht sich sowohl auf Einzelpersonen und Teams als auch auf Arbeitgeber und Führungskräfte. Um zu Personalentscheidungen in diesem Sinne zu gelangen, bildet das Affinitäten-Modell mit den daraus abzuleitenden Affinitätenprofilen bei den in diesem Buch beschriebenen Anwendungsfeldern die Entscheidungsgrundlage.

Erfolg aufgrund guter Personalentscheidungen aus Sicht der betreffenden Einzelpersonen bezeichnet die guten Ergebnisse, die jemand mit Freude an der Arbeit hervorbringt. Die Zufriedenheit mit der eigenen Leistung und mit der Arbeit an sich ist die eine Seite. Auch die Zufriedenheit und gute Arbeitsatmosphäre in Teams, die affinitätenorientiert arbeiten, gehört zur Folge guter Personalentscheidungen. Die andere Seite bilden die berufliche Entwicklung und die Entlohnung, die sich in der Regel als »Begleiterscheinung« von affinitätenorientierter Arbeit früher oder später einstellen.

Aus Sicht von Arbeitgebern und Führungskräften sind Personalentscheidungen immer dann erfolgreich, wenn die gewünschten Ergebnisse bei gleichzeitig hoher Motivation und Kompetenz der Mitarbeiter, guter Produktivität und geringer Krankenquote hervorgebracht werden. Allein wenn durch den Einsatz von Affinitätenprofilen Zeit, Energie und Nerven geschont werden, dürfte dies von vielen Führungskräften schon als *bessere Personalentscheidung* verstanden werden im Vergleich zu Stellenbesetzungen, die mit den inzwischen vielerorts als normal angesehenen Stressfaktoren verbunden sind.

Die Beschäftigung mit Affinitäten um ihrer selbst willen kann ein interessantes Forschungsgebiet sein. Für Personalentscheider und Führungskräfte gibt jedoch die Praxis die Fragestellungen vor: Wie können Menschen so ausgewählt und eingesetzt werden, dass gute Leistungen erbracht werden? Was ist die Voraussetzung für Leistungserbringung? Wie kann durch richtige Personalentscheidungen dauerhaft Erfolg sichergestellt werden?

Für diese und ähnliche Fragen braucht es weniger Einzelantworten, sondern das Verständnis für ein Grundprinzip, das aus der Einhaltung der richtigen Reihenfolge von Einzelkomponenten besteht. Aber was ist die richtige Reihenfolge? Antwort: Affinität – Kompetenzentwicklung – Leistung – Erfolg.

Die richtige Reihenfolge lautet: Affinität – Kompetenzentwicklung – Leistung – Erfolg.

Wird diese Reihenfolge nicht eingehalten, stellt sich kein Erfolg oder nur eine vorübergehend erzwungene Leistung ein. Vorübergehend deshalb, weil dauerhaft gute Leistung nur mit entsprechender Affinität funktioniert. Und von Erfolg kann keine Rede sein, wenn gegen die Affinitäten von Mitarbeitern Leistung erzwungen wird.

In vielen Unternehmen wird jährlich ein großes Weiterbildungsbudget bereitgestellt, um mit besten Absichten Mitarbeiter zu schulen, also ihre Kompetenzen zu entwickeln, damit diese Mitarbeiter gute Leistungen hervorbringen. Oft ist dann die Verwunderung groß, warum trotz immenser Schulungskosten die erhoffte Leistung nicht eintritt. Schulungsverantwortliche und Personalentwickler sehen sich dabei nicht selten mit Fragen einer kennzahlenorientierten Geschäftsführung konfrontiert, die niemand so richtig beantworten kann. »Mitarbeiter schulen« ist immer noch die fast automatische Antwort auf die Frage nach der Steigerung der Mitarbeiterleistung, sofern die üblichen Rahmenbedingungen und sogenannten »Hygienefaktoren«[25] für die Mitarbeiter einigermaßen stimmen.

Wenn Erfolg das Ergebnis guter, dauerhafter und mit Motivation erbrachter Leistung ist, und die Erbringung von Leistung von den für die Leistung erforderlichen Kompetenzen abhängig ist, stellt sich die Frage: Wie könnten diese erforderlichen Kompetenzen außer durch die üblichen Kompetenzentwicklungsmaßnahmen (wie beispielsweise Schulung und andere Lernformen) entwickelt werden[26]? Die Antwort darauf ist nicht eine Alternative zu Kompetenzentwicklung, sondern deren Voraussetzung.

Die Arbeit mit Affinitäten ist keine Alternative zur Kompetenzentwicklung, sondern deren Voraussetzung.

Deshalb ist die genannte Reihenfolge so entscheidend. Kompetenzentwicklung ohne entsprechende Affinität führt bestenfalls zu mittelmäßigen Leistungen, die mit Widerwillen erbracht werden. Kompetenzentwicklung ohne entsprechende Affinität ist auch aus neurowissenschaftlicher Sicht keine gute Lösung, weil erst das Interesse an einem Themengebiet und einer bestimmten Arbeitsweise sogenanntes exploratives, also erforschendes Lernverhalten ermöglicht. Von daher ist die Kenntnis der Affinitäten die Voraussetzung, um Kompetenzentwicklung

25 Unter dem Begriff »Hygienefaktoren« in der Arbeitswelt werden allgemein Aspekte wie Lohn und Gehalt, Status, Arbeitsbedingungen, Arbeitssicherheit und Zusammenarbeit verstanden.

26 Die Kenntnis über altbewährte und moderne Lernformen wird an dieser Stelle vorausgesetzt, da diese Themen bereits vielfach in der Literatur und in den Medien bearbeitet wurden und eine Darstellung der vielfältigen Methoden der Kompetenzentwicklung den Rahmen dieses Buches sprengen würde.

passend und damit erfolgversprechend den jeweiligen Mitarbeitern, Kollegen, Personen zukommen zu lassen. Diese Erkenntnis scheint zu simpel zu sein, weil sie ja nur ein Wort – Affinität – der ansonsten üblichen Reihenfolge hinzufügt, das heißt voranstellt. Welche Komplexität und Bedeutungstiefe hinter diesem einen Wort steckt, wurde in den bisherigen Kapiteln dieses Buches beschrieben und mit dem Affinitäten-Modell greifbar gemacht.

Das Affinitäten-Modell kann überall dort eingesetzt werden, wo es um die Fragen der Eignung von Personen für bestimmte Tätigkeitsprofile – und umgekehrt – geht. Das gilt sowohl für Einzelpersonen als auch für Teams. Während die guten Persönlichkeitsmodelle diese genannten Anwendungsfelder von der Persönlichkeitsseite her beleuchten, fokussiert das Affinitäten-Modell auf Kompetenzmotivation für Einsatzbereiche, Tätigkeitsfelder und Aufgaben von Einzelpersonen und Teams. Wenn es bei den Anwendungsfeldern eher um Fragen der Konfliktfähigkeit oder mentalen Belastbarkeit geht, sind Persönlichkeitsmodelle besser geeignet. Geht es jedoch um Fragen und Lösungen zu konkreten Tätigkeiten, ist genau das das ideale Anwendungsfeld für das Affinitäten-Modell. Insofern kann und soll das Affinitäten-Modell im Bedarfsfall gemeinsam mit guten Persönlichkeitsmodellen eingesetzt werden.

Auch wenn Themen wie Konflikt-*Fähigkeit* und Team-*Fähigkeit* vorzugsweise mit Persönlichkeitsmodellen analysiert werden sollten, liegen Konflikt-*Ursachen* und Team-*Probleme* häufig in einer falschen oder ungünstigen Zuordnung und Konstellation von Affinitäten im Team oder bei Einzelpersonen.

Konflikt-Ursachen liegen häufig in einer ungünstigen Konstellation von Affinitäten im Team oder bei Einzelpersonen.

Mithilfe des Affinitäten-Modells können solche ungünstigen Affinitäten-Konstellationen leicht identifiziert und für alle Beteiligten visuell nachvollziehbar veranschaulicht werden. Oftmals können so Konfliktursachen von vornherein eliminiert werden, sodass gar keine Konflikte entstehen, keine Konfliktlösungsmaßnahmen erforderlich sind, sondern Menschen ihren Affinitäten entsprechend Kompetenzen (weiter-) entwickeln, motiviert Leistungen erbringen und so Erfolg bewirken.

In allen Anwendungsfällen geht es um zwei Kerneigenschaften des Affinitäten-Modells: Es ist eine Strukturierungshilfe und ein Visualisierungswerkzeug. Als Strukturierungshilfe dient es auf Arbeitgeberseite einerseits der Strukturierung von Kompetenzanforderungen für Aufgaben und Arbeitsplätze. Andererseits ist es Grundlage für die damit einhergehende Bewertung von Kompetenz-*Motivation* und Kompetenz-*Potenzialen* von Einzelpersonen und Teams bis hin zur gesamten Belegschaft. Aus Sicht der Einzelperson gibt diese Strukturierungshilfe Orientierung für das eigene Affinitätenprofil und die damit verbundene Eignung für bestimmte Aufgaben, Tätigkeitsfelder und Berufe. Die visuelle Darstellung des Affinitäten-Modells hilft dabei, die Komplexität verständlich zu machen, einzelne Affinitätenprofile klar zu kommunizieren und so gegenseitiges Verständnis und Nachvollziehbarkeit zu erreichen.

3.1 Ausbildungs- und Studienberatung

Die inzwischen kaum noch überschaubare Menge an Ausbildungs- und Studienrichtungen macht die Wahl für junge Menschen nicht gerade leicht. Und auch diejenigen, die bereits im Berufsleben stehen, können oftmals nur wenig beratende Hinweise geben, weil sich die Inhalte von Ausbildungen und Studiengängen im Laufe der Zeit teilweise sehr stark geändert haben. Dazu kommt, dass die Tätigkeiten, die Menschen mit identischem Bildungsabschluss im Berufsleben tatsächlich ausüben, in vielen Fällen kaum Rückschlüsse auf deren ursprünglichen Bildungsabschluss zulassen.

Ausgeübte Berufe lassen in vielen Fällen kaum Rückschlüsse auf den ursprünglichen Bildungsabschluss zu.

Angesichts dessen wundert es nicht, dass viele Schulabsolventen ihre Ausbildungs- und Studienwahl aufgrund von Vorbildberufen aus dem Verwandten- oder Bekanntenkreis treffen. Aber nur, weil der Vater Bankkaufmann ist, heißt das noch lange nicht, dass die Tochter ein dafür geeignetes Affinitätenprofil besitzt. Und dass Tante X nach ihrem Biologiestudium ihren Traumjob in der kreativen Werbeagentur gefunden hat, bedeutet nicht, dass ein Biologiestudium nur etwas für kreative Köpfe ist.

Vor diesem Hintergrund wundert es nicht, dass die Zahlen der Studienabbrecher ziemlich hoch sind, und neben zu hohen Leistungsanforderungen die fehlende Motivation für den jeweiligen Studiengang einer der Hauptgründe ist. Die vielfach nicht vorhandene Korrelation zwischen Bildungsweg und tatsächlich ausgeübten Tätigkeitsfeldern im Beruf ist also keine wirkliche Hilfe bei der Wahl von Ausbildung oder Studium. Auch das Durchforsten von Ausbildungs- und Studienführerlisten dient allenfalls dem Verschaffen eines ersten Überblicks. Offensichtlich gibt es für diese Problematik bislang auch keine gute Lösung.

Die einfache Kinderfrage »Was willst Du mal werden?« hilft da schon wesentlich weiter, wenn sie mit ein paar konkretisierenden Fragestellungen angereichert wird. Denn zumindest steckt in dieser Frage nach dem »Wollen« die Frage nach der Kompetenzmotivation und damit nach der Affinität. Indem die häufigen Antworten »Feuerwehrmann«, »Polizist«, »Pilot« in das oben beschriebene Problem der Berufs- und damit Bildungswahl anhand von Stellenbezeichnungen führen, muss die Frage etwas angepasst werden. Ersetzt man das *Werden* durch *Machen*, klingt die Frage schon konkreter: »Was willst Du mal beruflich *machen*?«. Denn der Befragte kann nicht einfach mit einer Berufsbezeichnung, einem Job-Titel antworten, sondern die Frage erfordert Tätigkeitsbeschreibungen. Das Problem ist nur, dass die so Befragten in der Regel aufgrund ihrer fehlenden Berufserfahrung gar nicht wissen, was alles im Berufsleben »gemacht« werden kann.

Genau an dieser Stelle setzt die Ausbildungs- und Studienberatung mit dem Affinitäten-Modell an. Unabhängig von abstrakten und für den Ratsuchenden teilweise irreführenden Berufsbezeichnungen wird die Bandbreite der möglichen Tätigkeitsfelder aufgedeckt. Ohne Affinitäten-

Modell würde an dieser Stelle des Beratungsgesprächs eine gefühlt unendlich lange empirische Beschreibung aller möglichen Aufgaben diverser Berufsbilder folgen. Das ergibt natürlich rein zeitlich keinen Sinn und lässt viele Ausbildungs- und Studienberater mangels alternativer Konzepte auf die oben beschriebenen ineffektiven und ineffizienten Methoden zurückfallen. Unter Zuhilfenahme des Affinitäten-Modells könnte stattdessen die Ausprägung der einzelnen Affinitäten durch geeignete Interviewtechniken erfragt und so ein Affinitätenprofil erstellt werden.

Die praktische Erfahrung im Einsatz des Affinitäten-Modells bei der Ausbildungs- und Studienberatung hat gezeigt, dass in einem einstündigen Beratungsgespräch bereits ein sehr aussagekräftiges Profil ermittelt werden kann, das für den Ratsuchenden durch die Visualisierung auch gut nachvollziehbar ist. Mit dem so ermittelten Affinitätenprofil beginnt dann die eigentliche Beratungsleistung. Sie besteht darin, die herauskristallisierten Affinitäten in einen praktischen Bezug verschiedener Ausbildungs- und Studienrichtungen zu setzen und Perspektiven für zukünftige berufliche Einsatzfelder aufzuzeigen.

Dabei steht der Berater vor zwei wesentlichen Herausforderungen. Erstens darf er sich selber nicht dazu hinreißen lassen, die Affinitäten klischeehaft Ausbildungs- und Studienüberschriften zuzuordnen. Und zweitens erfordert es ein gutes Maß an Kreativität und Kenntnis der Bildungs- und Arbeitswelt, um dem Ratsuchenden eine gedankliche, motivierende Brücke zwischen seinen Affinitäten und passenden Tätigkeitsfeldern zu bauen. Eine so durchgeführte Ausbildungs- und Studienberatung ist Hilfe zur Selbsthilfe und befähigt zum Selberdenken. Denn sie legt den Ratsuchenden nicht auf Begriffshülsen fest, sondern hilft intensiv, strukturiert und tiefgründig bei der Reflexion des Selbstbildes.

Aus den so identifizierten Affinitäten-Bausteinen kann der Ratsuchende verschiedene Bildungsoptionen »bauen«, umbauen, neu denken, um dann fundiert zu entscheiden, was wirklich zu ihm passt und was nicht. Da Ausbildung und Studiengänge immer auch von dem Charisma und der pädagogischen Fähigkeit der Lehrenden und von vielen anderen Rahmenbedingungen abhängen, ist auch die dargestellte Beratung kein Garant für die hundertprozentig richtige Bildungswahl. Aber ein identifiziertes Affinitätenprofil hilft, schnell gute Entscheidungen für die eigene Ausrichtung zu treffen. Denn wer seine Affinitäten kennt, kann gezielt die passenden Bildungswege einschlagen und dabei motiviert bleiben, auch wenn sich Überschriften und Titel von Bildung und Beruf ändern.

Wer seine Affinitäten kennt, kann unabhängig von Bildungs-Überschriften den passenden Bildungsweg einschlagen.

3.2 Berufs- und Karriereberatung

Die Berufs- und Karriereberatung ähnelt in der Vorgehensweise sehr stark der Ausbildungs- und Studienberatung. Insbesondere wenn gerade eine Ausbildung oder ein Studium abgeschlossen wurde und es noch keine Gelegenheit gab, die eigenen Affinitäten in der Berufspraxis anzuwenden, kann die Berufsberatung meist nur anhand von theoretischen Beispielen für Tätigkeitsfelder erfolgen. Der erfahrene Personaldiagnostiker wird aber auch ohne echte Berufspraxis des Ratsuchenden auf Tätigkeitserfahrungen im außerberuflichen, ehrenamtlichen oder Freizeit-Umfeld fokussieren, um die Erfahrungswerte der zu beratenden Person mit ihrem Affinitätenprofil von verschiedenen Seiten zu evaluieren.

Eine besondere Herausforderung stellt die Berufs- und Karriereberatung für Menschen dar, die bereits Berufserfahrung haben und sich neu ausrichten wollen oder müssen. Zentrale Fragen drehen sich dabei oft um die mögliche Übernahme einer Führungsrolle oder den Wechsel in andere Fachabteilungen, andere Unternehmen oder Branchen. Nicht immer geht es um den Aufstieg auf der Karriereleiter. Oft sind es auch Enttäuschungen in der aktuellen Position, die anfänglich sehr attraktiv erschien, sich aber im Laufe der Zeit als unpassend herausgestellt hat. In vielen Fällen ist dem Ratsuchenden hierbei nicht klar, was die Ursache der fehlenden Passung ist. Diese und andere Beweggründe erfordern früher oder später eine Entscheidung hinsichtlich des Wechsels des eigenen Tätigkeitsfeldes.

Reflektierte Menschen möchten *vor* solchen Wechselentscheidungen wissen, ob die neue Stelle zu ihnen passt oder nicht oder ob vielleicht die aktuelle Position doch genau das Richtige ist und ein zunächst verlockend klingender Wechsel sich schlussendlich als Fehlgriff herausstellen würde. Natürlich kann auch in diesen Fällen keine noch so gute Personaldiagnostik eine Garantie für die richtige Entscheidung geben. Aber sie kann helfen, fundiert und reflektiert zu entscheiden.

Zwischenmenschliche Probleme haben oft Ursachen in nicht passenden Affinitäten.

Im Fall der Berufserfahrenen können die Affinitäten leicht an Beispielen aus der täglichen Arbeit des Ratsuchenden identifiziert werden. Besonders dann, wenn bereits mehrere Etappen im Berufsleben zurückgelegt sind, lassen sich belastbare Vergleiche der eingesetzten Affinitäten ziehen, die nicht selten einen Aha-Effekt auslösen. Grundlage der Beratung hinsichtlich Wechselentscheidung ist die fundierte Erstellung eines Affinitätenprofils und der darauf aufbauende Vergleich mit den bisherigen Tätigkeitsfeldern. In den meisten Fällen führt eine solche Beratung dazu, dass der Ratsuchende selbst zur Erkenntnis kommt, was zu ihm passt und welche Tätigkeiten weniger erfolgversprechend sind. Anlass für Überlegungen zum Jobwechsel bieten häufig zwischenmenschliche Spannungen oder Konflikte in der Zusammenarbeit. Die zwischenmenschlichen Probleme haben oft Ursachen in nicht passenden Affinitäten.

Praxisbeispiel

Selbst wenn die Ergebnisse eines absolvierten Persönlichkeitstests eine gute Teamfähigkeit bescheinigen – was auch immer im konkreten Fall darunter verstanden wird –, wird beispielsweise ein Mensch mit der Affinität zu *geschriebenen Wörtern* in einem Team von Kollegen mit *Bilder-Affinität* wenig Freude haben. Denn während der Eine seine Gedankengänge in seitenlangen Fließtexten verfasst und sie wohlgemeint als Abendlektüre per E-Mail an die Kollegen versendet, haben die *bilderaffinen* Kollegen weder Begeisterung noch Verständnis für diese Texte und ignorieren sie. Am nächsten Tag gibt es dann ein Problemlösungsmeeting zum selben Thema. Mit Whiteboard-Markern bewaffnet stehen die visuell orientierten Kollegen vor einer großen Tafel und veranschaulichen ihre Ideen mit Kästchen, Pfeilen und kleinen Skizzen. Sie diskutieren darüber, kritzeln gegenseitig in die Skizzen Ergänzungen, und weil der Platz nicht reicht, ziehen sie noch zwei Flipcharts hinzu und zeichnen weiter. Unser *wörteraffiner* Kollege hat aber weder Spaß noch Verständnis für diese Arbeitsweise, versteht die Skizzen auch gar nicht und gibt am Ende des Meetings den von den übrigen Kollegen überhörten Hinweis, dass er das alles doch auch schon gestern als Text per E-Mail verschickt hatte. Kein seltener Fall, der meist in Frust und Unverständnis auf beiden Seiten endet.

Ohne Affinitäten-Modell würde der diagnostische Berater nun die Persönlichkeitsprofile analysieren, eine imaginäre Teamaufstellung vornehmen und am Ende womöglich eine Konfliktberatung oder Mediation anraten. Der willige Ratsuchende würde einen Mediator engagieren und wäre am Ende dann doch enttäuscht, weil sich trotz wohlgemeinter Schlichtung keine Besserung in der Zusammenarbeit einstellt. Und das, obwohl doch alle Beteiligten menschlich gesehen an einer Lösung interessiert waren und auch bereitwillig und konstruktiv an der Mediation teilgenommen haben.

Problematisch wird es, wenn – wie in diesem Beispiel – versucht wird, die Konfliktursache mit einem ungeeigneten Werkzeug zu lösen. Mit dem Affinitäten-Modell würde der diagnostische Berater das Affinitätenprofil des Ratsuchenden ermitteln und dann anhand von beschriebenen Alltagssituationen die Affinitätenprofile der übrigen Kollegen oder des Teams als Gesamtheit eruieren. Wenn währenddessen ein blanko Affinitätenprofil auf dem Tisch liegt, in das der Berater Schritt für Schritt die gewonnenen Erkenntnisse einträgt, erkennt der Ratsuchende in der Regel von selbst, was die Ursache des vermeintlichen Konflikts ist – nämlich unterschiedliche Affinitätenprofile. Ohne diese Erkenntnis würde der Ratsuchende möglicherweise die Stelle wechseln, weil er denkt, mit den *Personen* nicht zurechtzukommen. Mit der Erkenntnis aus dem Affinitäten-Modell wird aber schnell klar, dass das Problem nicht die *Personen* sind, sondern die unterschiedlichen *Affinitäten*.

Da Affinitäten immer zu den handelnden Personen gehören, scheint der Unterschied theoretischer Natur zu sein. Tatsächlich ist diese Unterscheidung aber fundamental, indem durch diese Erkenntnis für den Ratsuchenden die Last eines zwischenmenschlichen Konflikts genommen wird. Wenn es an dieser Stelle möglich ist, ein ganzes Team hinsichtlich der unterschiedlichen Affinitätenprofile zu beraten, ist das meistens für alle Beteiligten eine Erleichterung und eine Erkenntnis mit positiven Auswirkungen. In jedem Fall sollte die Beratungsleistung Hilfsmittel an die Hand geben, wie der Ratsuchende *vor* einer Entscheidung für ein anderes Tätigkeitsfeld herausfinden kann, ob Aufgaben, Arbeitsweise und die Affinitäten des neuen Teams zum eigenen Affinitätenprofil passen.

Im beschriebenen Beispiel hieße das, Stellen ausfindig zu machen, in denen die schriftliche Kommunikation Kernbestandteil des Tätigkeitsbereichs ist, unabhängig vom Stellentitel. Natürlich sollten andere fachliche Aspekte auch beleuchtet werden. Doch wenn die Haupt-

Affinitäten einer Person keinen Platz in ihrem Tätigkeitsfeld haben, kann dieses Defizit in der Regel durch die anderen Job-Parameter nicht wettgemacht werden.

Haben die Affinitäten einer Person keinen Platz in ihrem Tätigkeitsfeld, kann dieses Defizit nicht anderweitig behoben werden.

3.3 Recruiting bei Fachkräftemangel

Der sogenannte »War for talents«, also der Kampf um die Talente ist längst in vollem Gang. Grund dafür ist der seit Langem vorausgesagte und inzwischen Realität gewordene Fachkräftemangel. Bei vielen Berufen geht es inzwischen schon gar nicht mehr um die umkämpften »Talente«. Allein die Suche nach willigen und einigermaßen geeigneten Arbeitskräften stellt für sich genommen schon einen Kampf dar und ist für viele Arbeitgeber eher ein Krampf. Headhunter, die vor einigen Jahren nur für gehobene Führungspositionen zum Einsatz kamen, werden inzwischen sogar für die Azubi-Suche angeheuert. Gleichzeitig wird die Liste der sogenannten Mangelberufe, also derjenigen, bei denen ein Fachkräftemangel besteht, immer länger. Manche Arbeitgeber versuchen es mit Aussitzen und hoffen, dass sich die Situation bessert. Andere haben diese Hoffnung längst aufgegeben und probieren neue Recruiting-Strategien aus.

Es ist zwar kaum zu glauben, aber immer noch soll es Arbeitgeber geben, die sich in ihrem Auftreten gegenüber potenziellen Mitarbeiten so verhalten, als würde die Arbeitslosenquote bei 25 Prozent liegen und als wäre die Ausstellung eines Arbeitsvertrags ein gnädiger Akt gegenüber dem Bewerber. Dann gibt es auch diejenigen, die mit diversen Lockmitteln potenzielle Bewerber motivieren möchten. Nachdem Smartphones, Tablets und Laptops inzwischen zur Grundausstattung jedes Jugendlichen gehören, braucht es schon etwas Phantasie, um geeignete Lockmittel zu finden.

Bleibt nur noch das Geld. Aber das macht ja bekanntlich nur vorübergehend glücklich. Und zu dieser Einsicht kommen mittlerweile auch mehr und mehr Arbeitnehmer. Zu erkennen ist das an immer schwieriger zu besetzenden Führungspositionen, die zwar vom Entgelt locken, aber vom Arbeitsinhalt für viele zu stressig erscheinen. Geld ist wichtig, aber der Spaß an der Arbeit wird zunehmend zu einem relevanten Faktor bei der Wahl des Berufs.

Es braucht schon etwas Phantasie, um geeignete Lockmittel zu finden.

Und genau an dieser Stelle setzt das Affinitäten-Modell an. Denn die Affinitäten haben weder etwas mit Geld noch mit Lockmitteln zu tun. Stattdessen zielen sie darauf ab, dass nicht nur der Arbeitgeber einen passenden Mitarbeiter findet, sondern der Mitarbeiter eine Tätigkeit, die zu ihm passt, an der er Spaß hat und die ihm gut gelingt. Wo das nicht der Fall ist, haben Lohn und Gehalt eher den Charakter von Schmerzensgeld. Schmerzensgeld ist aber vor allem etwas für Opfer, und wer will schon ein Opfer sein. Aber im Ernst: Es sollte doch im Interesse von

Arbeitgebern und Arbeitnehmern liegen, dass Job und Mitarbeiter zueinander so gut passen, dass motiviertes Arbeiten möglich ist. Natürlich wird das nicht überall und nicht zu 100 Prozent gelingen, aber es sollte zumindest angestrebt werden.

Doch wie kann nun dieses Ziel gerade angesichts des Fachkräftemangels erreicht werden? Vielleicht ist ja eben der Fachkräftemangel der Impuls für die Lösung des Problems, indem er zum Umdenken zwingt.

Während bisher die Stellenbesetzung auf Grundlage von Stellenüberschriften und mehr oder weniger allgemein gehaltenen Anforderungsprofilen funktionierte, reicht diese undifferenzierte Methodik offensichtlich nicht mehr aus. Noch problematischer sind die Stellenanzeigen, die die viel zitierte »eierlegende Wollmilchsau« beschreiben: Teamfähig soll die gesuchte Person sein, aber auch gleichzeitig durchsetzungsstark, überragend kreativ, aber gleichzeitig soll sie sich höchst diszipliniert penibel an alle Vorschriften halten, stressresistent, aber außergewöhnlich empathisch, detailorientiert aber auch flexibel und so weiter und so fort. Dazu kommen noch diverse Qualifikationsanforderungen. Sowohl die Ersteller der Stellenanzeige als auch deren Leser wissen, dass es die gewünschte Person nirgends gibt. Und weil es jeder weiß und solche Beschreibung niemand wirklich ernst nehmen kann, kommt beim Lesen solcher Ausschreibung unweigerlich die Frage auf: »Was suchen die denn *wirklich*?«

Vielleicht ist gerade der Fachkräftemangel der Impuls für die Lösung, indem er zum Umdenken zwingt.

Die Erfahrung aus der Praxis zeigt, dass hier zwar die richtige Frage gestellt wird, diese jedoch oftmals weder von der Personalabteilung noch von der anfordernden Führungskraft beantwortet werden kann.

Warum eigentlich nicht? Weil es in der Vergangenheit eben auch ohne diese Frage funktioniert hat. Auf die mehr oder weniger allgemein gehaltenen Stellenausschreibungen haben sich Personen beworben, die sich den Stellentitel oder die Beschreibung mehr oder weniger gut für sich vorstellen konnten. Nur wenige Vorstellungsgespräche wurden und werden mit personaldiagnostischer Methodik durchgeführt. Und so blieb die Passung zwischen Mitarbeiter und Job größtenteils Vermutung für beide Seiten. Der Arbeitsalltag zeigte, ob es funktionierte. Wenn es aus Sicht des Mitarbeiters dann nicht passte, haben in Zeiten von hohen Arbeitslosenzahlen die Mitarbeiter mangels Alternative trotzdem durchgehalten. Wenn es aus Sicht der Führungskraft nicht passte, wurde das Arbeitsverhältnis beendet und die Suche begann von vorn. Das alles kann man sich auf Arbeitgeberseite heute nicht mehr leisten, und auf Arbeitnehmerseite will man es sich nicht antun.

Oft kann von Personalern und Führungskräften nicht benannt werden, welche Kriterien für eine Stelle wirklich erfolgskritisch sind.

Aber zurück zur Schlüsselfrage. »Was suchen die denn *wirklich*?« Sofern es sich bei der anfordernden Führungskraft nicht um eine sehr reflektierte Person mit großem Interesse an Personaldiagnostik handelt – und solche Führungskräfte gibt es zum Glück – ist eine personaldiagnostische Beratung seitens Coach oder Personaldiagnostiker zwingend erforderlich. Erst wenn die anfordernde Führungskraft die grundlegenden Zusammenhänge der Erfolgsparameter und auch das Affinitäten-Modell und die eingesetzten Persönlichkeitsmodelle verstanden hat, kann man überhaupt eine qualitative Antwort erwarten. Das soll aber kein Vorwurf an die Führungskräfte sein, weil es bisher gar nicht erforderlich war, dass sich Führungskräfte so intensiv mit personaldiagnostischen Themen befassen. Führungskräfte, die auch zukünftig kein Interesse an Personaldiagnostik haben, werden wohl auch weiterhin mit allgemein gehaltenen Stellenausschreibungen arbeiten – viel Glück. Für alle anderen geht es an diesem Punkt mit dem Affinitäten-Modell weiter.

Nachdem die anfordernde Führungskraft durch Beratung und Coaching die diagnostischen Instrumente zumindest nachvollziehen kann, erfolgt die Erstellung des Anforderungsprofils. Dazu werden zunächst die wirklich wichtigen Erfolgskriterien herausgearbeitet. Der Coach oder Personaldiagnostiker stellt dazu immer wieder (provozierende) Verständnis- und Plausibilitätsfragen, um die oberflächlichen Anforderungen beiseitezuschieben und auf den Kern vorzudringen.

Personaldiagnostiker müssen provozierende Fragen stellen, um zum Kern der wirklich relevanten Auswahlkriterien vorzudringen.

Als Ergebnis gibt es ein Anforderungsprofil, das erfolgskritische Kompetenzen, Persönlichkeitsmerkmale, Werte, Antreiber beinhaltet – und natürlich ein Affinitätenprofil. All dies bildet die Grundlage für innovative Stellenausschreibungen, die Big-Data-Suche in sozialen Netzwerken oder andere fortschrittliche Maßnahmen. Sofern diagnostisch ausgebildete Headhunter zum Einsatz kommen, sollten sie in der Lage sein, aufgrund eines solchen Anforderungsprofils schnell die richtigen Kandidaten identifizieren zu können.

Diese Vorgehensweise hat mehrere Vorteile. Erstens hilft sie der anfordernden Führungskraft herauszukristallisieren, was oder wen sie *wirklich* braucht und dann auch sucht. Zweitens hilft sie potenziellen Bewerbern, sich ein möglichst genaues Bild der Anforderungen zu machen, um zu entscheiden, ob sie sich bewerben oder nicht. Unpassende Bewerbungen werden so minimiert oder bestenfalls vermieden. Das spart auf allen Seiten Zeit und Aufwand.

Der dritte Vorteil ist die Unabhängigkeit von Stellenüberschriften und Job-Titeln. Das ist der wichtigste Hebel für das Recruiting bei Fachkräftemangel.

Die Unabhängigkeit von Stellenüberschriften und Job-Titeln ist der wichtigste Hebel für das Recruiting bei Fachkräftemangel.

Denn dank der so herauskristallisierten *inhaltlichen* Anforderungen in Form von Kompetenzen, Affinitäten, Persönlichkeitseigenschaften rückt der Fokus auf Anforderungen, die unabhängig von formalen Kriterien sind.

Wer als Hobbybastler Oldtimer restauriert oder an Autos »schraubt«, hat vielleicht die erforderlichen Affinitäten und vielleicht sogar auch Kompetenzen für die Arbeit in einer Autowerkstatt, auch wenn er oder sie formal kein Zertifikat als Kfz-Mechatroniker besitzt. Wer ehrenamtlich die Buchhaltung für eine Non-Profit-Organisation verantwortet, hat vielleicht die erforderlichen Affinitäten und vielleicht sogar auch Kompetenzen für die Arbeit in der Buchhaltung eines Unternehmens, auch wenn keine offizielle »Buchhalter-Ausbildung« vorliegt. Und so ließe sich diese Liste noch unendlich fortsetzen. Natürlich gibt es Tätigkeitsfelder, die eine anerkannte, offiziell geprüfte Qualifikation erfordern. Aber auch in diesen Fällen ist die Frage, ob man nicht einen aussichtsreichen Potenzialträger an Bord holt, der die offizielle Qualifikation nachholt, statt aufgrund des Fachkräftemangels niemanden zu finden. Natürlich wird das nicht immer möglich sein. Aber angesichts des Fachkräftemangels auf das Unmögliche zu fokussieren, ist vergeblich. Innovatives Recruiting bedeutet Möglichkeiten zu entdecken, wo andere mit den klassischen Methoden nicht weiterkommen.

Praxisbeispiel

Eine Physiotherapiepraxis ist sehr gut ausgelastet und möchte einen weiteren Physiotherapeuten einstellen. Viele Patientenanfragen müssen abgewiesen werden, weil die vorhandenen Physiotherapeuten komplett ausgebucht sind. Unglücklicherweise ist auch diese Berufsgruppe vom Fachkräftemangel betroffen, weshalb sich die Stellenbesetzung als sehr schwierig erweist. Als nach zwei Monaten noch keine einzige ernstzunehmende Bewerbung eingegangen ist, beschließt der Inhaber, die in der Stellenanzeige beschriebenen Anforderungen deutlich abzumildern. Denn vielleicht wirkt die Beschreibung des Aufgabenspektrums auf potenzielle Bewerber abschreckend. Fortan, so beschließt er, soll die Stellenausschreibung sehr kurz und knapp gehalten sein. »Suche erfahrenen Physiotherapeuten (m/w/d) für gut gehende Praxis. Attraktives Gehalt.« Wozu auch die Aufgabenbeschreibung? Was ein Physiotherapeut ist, weiß doch jeder.

Der Zusatz »Attraktives Gehalt« scheint als Lockmittel zu funktionieren. Denn schon bald kommen die ersten Bewerbungen ins Haus. Weil die Bewerber wissen, dass Physiotherapeuten händeringend gesucht werden, stecken sie nicht viel Aufwand in ihre Bewerbungsunterlagen. Stattdessen halten sie sie genauso kurz wie die Stellenanzeige. Und so wissen weder die Bewerber noch der Inhaber der Physiotherapiepraxis was auf sie zukommt. Der Fachkräftemangel zwingt nun einmal zu Kompromissen. Die drei Bewerber werden jeweils zum Vorstellungsgespräch eingeladen. Aufgrund ihrer sehr ähnlichen Berufserfahrungen und nahezu identischen Qualifikationsnachweise entscheidet sich der Inhaber für den scheinbar motiviertesten Bewerber. Angesichts des attraktiven Gehalts willigt der auch ein und hat einige Wochen später seinen ersten Arbeitstag.

Hoch motiviert lässt er sich alles erklären und übernimmt schon nach kurzer Zeit die ersten Patiententermine selbstständig. Allerdings ist er etwas überrascht vom Leistungsspektrum der Praxis. Während er bei seinen bisherigen Arbeitgebern das klassische Spektrum an physiotherapeutischen Angeboten kennengelernt hat, bietet diese Praxis im großen Umfang auch alternative Behandlungsmethoden an. Dazu zählen verschiedene Formen von Moorbädern, Kräuterbehandlungen, Blutegeltherapie, Klangtherapie, Traumreisen und vieles mehr.

Nachdem sich der neue Physiotherapeut in den ersten Wochen in die klassischen Behandlungen eingearbeitet hat, soll er nun auch die alternativen Behandlungsmethoden übernehmen. Dagegen hat er jedoch eine Abneigung. Nicht nur, weil er dafür keine entsprechenden Ausbildungen absolviert hat, sondern weil es ihm überhaupt nicht liegt. Mit den Händen im Moor zu hantieren, widerstrebt seinem Reinlichkeitsbestreben. Blutegel findet er einfach nur eklig. Mit sanften Tönen und Klängen kann er als überzeugter Rockmusik-Fan sowie nichts anfangen. Und für Traumreisen hat er nur ein müdes Lächeln übrig. Das alles bleibt in den Tagen der Einarbeitung seinen Kollegen nicht verborgen.

Nachdem sich der Inhaber zwei Wochen lang die Abneigung ausstrahlende Mimik seines neuen Physiotherapeuten angesehen hat, bittet er ihn um ein Gespräch. Darin wird deutlich, dass die Motivation des neuen Mitarbeiters hauptsächlich vom attraktiven Gehalt herrührte. Mit der Praxis hatte er sich im Vorfeld gar nicht beschäftigt. Auch hatte er sich nicht das auf der Homepage beschriebene Leistungsspektrum angesehen. Er war einfach davon ausgegangen, dass jede Physiotherapiepraxis das anbietet, was er bisher gewohnt war. Da die alternativen Behandlungsmethoden einen Schwerpunkt der Praxis bilden, kommen sie im Gespräch zu dem Schluss, dass sie im beiderseitigen Einvernehmen das Arbeitsverhältnis auflösen werden. Für den Physiotherapeuten ist diese Entscheidung aufgrund der guten Arbeitsmarktsituation eine Erleichterung. Für den Inhaber geht die Suche von Neuem los. Seine Anfrage bei den anderen beiden Bewerbern ergibt, dass diese inzwischen einen gut bezahlten Job gefunden haben, mit dem sie glücklich sind.

Indem aus seiner Perspektive keine Lösung für diese Stellenbesetzung in Sicht ist, fragt er in seinem Bekanntenkreis nach, wie die anderen Unternehmer angesichts des Fachkräftemangels bei Stellenbesetzungen vorgehen. Dabei kommt heraus, dass in letzter Zeit die wenigsten mit normalen Stellenanzeigen Erfolg haben. Dagegen nutzen die anderen Unternehmer zunehmend Headhunter oder andere Dienstleister, die sich auf innovative Rekrutierungsmethoden spezialisiert haben. Weil ihm der Begriff »Headhunter« für den zu suchenden Physiotherapeuten etwas überproportioniert erscheint, lässt er sich die Kontaktdaten von einem Recruiting-Dienstleister geben, mit dem ein befreundeter Unternehmer gute Erfahrungen gemacht hat.

Gleich am nächsten Tag kommt das erste Telefonat mit dem Recruiting-Dienstleister zustande. Der Inhaber der Physiotherapiepraxis wundert sich über die ungewöhnlichen Fragen, die die Recruiting-Beraterin am Telefon stellt. Denn entgegen seinen Erwartungen erkundigt sie sich nicht nach den fachlich erforderlichen Qualifikationen, sondern möchte kurz die wesentlichen Arbeitsabläufe beschrieben haben. Nachdem sich die Beraterin ein erstes Bild verschafft hat, verabreden sich die beiden für ein Skype-Meeting, in dem das Suchprofil ausführlich besprochen werden soll.

Im Anschluss an das Telefonat gehen dem Praxisinhaber noch die Fragen nach den Arbeitsabläufen durch den Kopf. Nach dem personellen Fehlgriff möchte er nun alles richtig machen und reflektiert die Arbeitsaufgaben und die dazugehörigen Abläufe. Spätestens, als er die Abläufe der alternativen Heilmethoden in Gedanken durchspielt, wird ihm klar, dass es ausschlaggebendere Kriterien für diese Personalauswahl geben muss als den Titel »Physiotherapeut« und die üblichen Zertifikate.

Einige Tage später findet das verabredete Skype-Meeting statt. Die Recruiting-Beraterin setzt mit ihren Fragen ohne Umschweife bei den Arbeitsabläufen an, erkundigt sich noch einmal, ob sie die Beschreibungen im Telefonat richtig verstanden hat und stellt weitere, teilweise provokante Fragen. Über manche Fragen hat sich der Praxisinhaber bislang gar keine Gedanken gemacht. Aber durch dieses erneute, bohrende Nachhaken wird auch für ihn das Suchprofil immer deutlicher. Die Beraterin erklärt, dass sie bei der Personalsuche mit dem sogenannten Affinitäten-Modell arbeitet und aus dem bisherigen Gespräch ein Affinitäten-Anforderungsprofil erstellt hat. Mit einigen Sätzen erläutert sie die Grundprinzipien des Affinitäten-Modells. Dann zeigt sie eine Grafik des Anforderungsprofils, das sie während des Gesprächs erstellt hat.

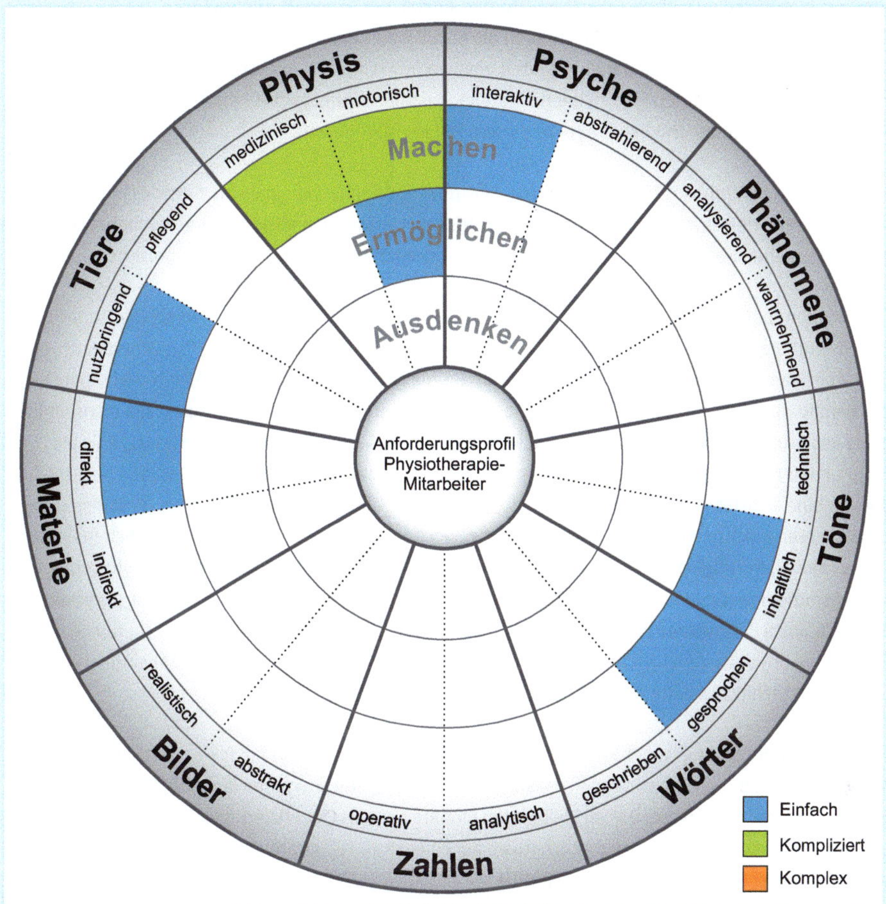

Abb. 7: Anforderungsprofil Physiotherapie-Mitarbeiter

Nach ein paar erklärenden Hinweisen der Beraterin sind die Verbindungen zwischen den in der Praxis gewünschten Tätigkeitsfeldern und der Affinitäten-Grafik für den Physiotherapie-Chef gut nachvollziehbar. Neben der für Physiotherapeuten üblichen Affinität zur menschlichen *Physis* erfordert die Klangtherapie die *Töne-Affinität*. Traumreisen können nur ihren Zweck erfüllen, wenn die behandelnde Person die Affinität zu *interaktiver Psyche* und zu *gesprochenen Wörtern* hat. Um die Arbeit mit Blutegeln nicht als Belastung zu empfinden, sollte die Affinität zu *nutzbringenden Tieren* vorhanden sein. Die Affinität zu *direkter Materie* ist unerlässlich, wenn Moorbäder und ähnliche Behandlungen mit Motivation durchgeführt werden sollen. Bei all diesen Behandlungsformen geht es um ausführende Tätigkeiten, deren Methodik vorgegeben ist und die vom Therapeuten selbst durchgeführt werden. Darum finden sich diese Tätigkeiten in der Arbeitsphase *Machen* wieder. Lediglich bei der Affinität *Physis motorisch* kommt auch die Arbeitsphase *Ermöglichen* zum Einsatz. Denn hierbei geht es oftmals um die Befähigung der Patienten, bestimmte Bewegungsabläufe eigenständig üben und durchführen zu können.

Nach dieser Erläuterung wird dem Inhaber der Physiotherapiepraxis klar, warum der zuletzt eingestellte Mitarbeiter mit den Aufgaben nicht glücklich war. Denn außer der *Physis-Affinität* hatte er offensichtlich keine weiteren Affinitäten. Für die Suche nach einem neuen Mitarbeiter stellt das Affinitäten-Anforderungsprofil jedoch eine nicht geringe Herausforderung dar. Der Grund ist offensichtlich: Die Bandbreite der erforderlichen Affinitäten wird nicht durch die Ausbildungsüberschrift »Physiotherapeut« abgedeckt, sodass die Personalsuche anhand dieses Titels wenig erfolgversprechend sein dürfte. Gerade die Erfahrung mit dem demotivierten Mitarbeiter hat gezeigt, dass der Suchbegriff »Physiotherapeut« für beide Seiten – für Arbeitgeber und Bewerber – in diesem Fall irreführend war.

Aufgrund dieser Erfahrung rät die Recruiting-Beraterin von Stellenanzeigen ab. Stattdessen schlägt sie vor, anhand des Affinitäten-Anforderungsprofils nach passenden Kandidaten zu suchen. Über die genaue Vorgehensweise äußert sie sich jedoch nicht, weil dies ihr »Geschäftsgeheimnis« sei.

Drei Wochen später unterbreitet die Recruiting-Beraterin einen ersten Kandidatenvorschlag. Zunächst ist der Physiotherapiepraxis-Inhaber skeptisch, weil kein Qualifikationsnachweis als Physiotherapeut vorliegt. Aber dann erinnert er sich an die Erläuterungen zum affinitätenorientierten Ansatz und schaut sich das Kandidatenprofil genauer an. Es handelt sich um eine Frau in den mittleren Jahren, die ursprünglich eine Ausbildung zur medizinischen Bademeisterin absolviert hatte. Vor einigen Jahren wagte sie als Heilpraktikerin den Schritt in die Selbstständigkeit. Nach ein paar Jahren hat sie inzwischen festgestellt, dass ihr eine selbstständige Berufstätigkeit nicht so sehr liegt und sie doch lieber in eine Festanstellung zurückkehren möchte. Außerdem ist ihr bewusst geworden, dass ihre Affinität zur menschlichen *Physis* in ihrer aktuellen Tätigkeit zu kurz kommt. Um das zu ändern, hat sie vor Kurzem eine Qualifizierung zur Physiotherapeutin in Angriff genommen, die aufgrund ihrer ursprünglichen Ausbildung in verkürzter Dauer absolviert werden kann. Von einer Arbeit in einer Praxis, in der sie alternative Therapien mit klassischen physiotherapeutischen Behandlungen verbinden kann, träumte sie zwar. Aber aufgrund des fehlenden Abschlusses hatte sie noch keine Bewerbungen geschrieben.

Nach dieser Erläuterung ist der Praxis-Inhaber sehr positiv gestimmt und lädt sie zum Vorstellungsgespräch ein. Dabei stellt sich schnell heraus, dass die Affinitäten zwischen den Aufgaben und der Bewerberin sehr gut passen. Die verbleibenden Monate bis zum Qualifizierungsabschluss stellen für den Physiotherapie-Chef mangels Alternativen auch kein K.o.-Kriterium dar. Somit werden sich beide einig und ein Vertrag kommt schnell zustande.

Ein paar Monate später ist die neue Mitarbeiterin fester Bestandteil des Teams, arbeitet hoch motiviert und mit viel Erfolg in den verschiedenen Einsatzbereichen der Praxis. Der Chef ist sehr zufrieden und rückblickend dankbar für eine anfangs gewöhnungsbedürftige aber letztendlich sehr gelungene Methode der Stellenbesetzung.

3.4 Personalauswahl

Die Personalauswahl ist das klassische Anwendungsgebiet diagnostischer Modelle. Deren Verwendung beschränkt sich jedoch leider allzu oft auf den Einsatz von Persönlichkeitstests, die auf diagnostischen Modellen basieren. Neben zahlreichen fragwürdigen Tests gibt es auch sehr aussagekräftige Testverfahren. Problematisch wird es, wenn solche Tests von

Personalentscheidern eingesetzt werden, die sich mit den Modellen und Methoden, auf denen das jeweilige Testverfahren basiert, nicht auskennen.

Wer Modelle einsetzt, sollte nicht nur Testergebnisse interpretieren können, sondern auch das Modell an sich.

Wenn dann noch die automatisch generierten Textpassagen der Testauswertung als Entscheidungsgrundlage für die Personalauswahl herangezogen werden, kann man nur von Glück reden, wenn eine derartige Herangehensweise nicht zu Fehlbesetzungen führt.

Aus gutem Grund setzen viele Testanbieter eine testspezifische Zertifizierungsschulung voraus, bevor jemand das betreffende Testverfahren nutzen darf. Dass dabei so manches aus Marketing- und Gewinnmaximierungsaspekten heraus erfolgt, überschattet zwar den ursprünglichen Zweck diesbezüglicher Zertifizierungen, ändert aber nichts an der grundsätzlichen Richtigkeit dieser Reihenfolge.

Kritisch anzumerken ist in diesem Zusammenhang, dass der Erwerb einer derartigen Zertifizierung nicht zwangsläufig ein Indiz für die Qualität der Personalauswahl darstellt. Denn wer zwar aufgrund von Anwesenheit in der Schulung oder Wiedergabe auswendig gelernten Wissens ein Zertifikat erhält, aber keine Affinität zu Personalauswahl und Eignungsdiagnostik hat (*Psyche-Affinität*), wird nicht nur bei der praktischen Anwendung der Personalauswahl Schwierigkeiten haben, sondern auch wenig fundierte Personalentscheidungen treffen.

Unabhängig von Zertifizierungen ergibt der Einsatz von Affinitätenprofilen nur dann Sinn, wenn der Diagnostiker die Grundsystematik des Affinitäten-Modells verinnerlicht hat. Während es bei anderen Modellen und deren Testverfahren oft ausreichend erscheint, das Testergebnis interpretieren zu können, sollte der Diagnostiker in der Lage sein, Affinitätenprofile analytisch in den unterschiedlichen Situationen von Personalauswahlverfahren einsetzen zu können. Denn beim Affinitäten-Modell geht es im Unterschied zu vielen Persönlichkeitsmodellen nicht nur um die Interpretation eines ermittelten Ergebnisses oder Profils, sondern der kommunikative Prozess des (gemeinsamen) Herauskristallisierens eines Affinitätenprofils ist essenziell und erzeugt bei allen Beteiligten oft schon den entscheidenden Aha-Effekt, der zur Lösung führt.

Die wirklich erfolgskritischen Faktoren lassen sich in der Regel an ein bis maximal zwei Händen abzählen.

Die Basis für eine fundierte Personalauswahl bildet die Erstellung eines Anforderungsprofils, das so genau wie möglich die konkreten Erfolgskriterien der betreffenden Stelle oder Tätigkeit beschreibt, ohne dabei seitenlange Kriterienkataloge zu benötigen. Anhand von erfolgskritischen Situationen der zu besetzenden Zielposition werden Persönlichkeitsmerkmale, fachliche und überfachliche Kompetenzen herausgearbeitet. Die wirklich erfolgskritischen Faktoren lassen sich in der Regel an ein bis maximal zwei Händen abzählen.

Während in der klassischen Personalauswahl die Eignungsfeststellung fachlicher Kompetenzen oft auf Ausbildungsabschlüssen und Qualifikationsnachweisen beruhte, ist es inzwischen allgemeine Erkenntnis, dass eine derartige Vorgehensweise keineswegs für eine valide Personalauswahl ausreicht. An dieser Stelle kommt das Affinitäten-Modell zum Einsatz. Der Vorteil des Affinitäten-Modells bei der Personalauswahl besteht darin, dass bereits bei der Erstellung des Anforderungsprofils die Brücke zwischen fachlichen und überfachlichen Kompetenzen geschlagen wird und ein in sich geschlossenes Gesamtbild entsteht.

Praxisbeispiel

Eine Führungskraft möchte die Stelle eines Vertrieblers für Produkte der Medizintechnik besetzen. Dabei handelt es sich um technisch anspruchsvolle Implantate, für die der zu findende Vertriebler Ärzte beraten muss und im Bedarfsfall mit den behandelnden Ärzten individuelle Anpassungen und Konfigurationen abstimmt. Wie sieht nun das Anforderungsprofil bei der klassischen Personalauswahl aus – sofern es dort überhaupt eines gibt? Als fachliche Anforderungen werden »Studium der Medizintechnik oder vergleichbar« und »Erfahrungen im Vertrieb« angegeben. Überfachliche Kompetenzen sind in der klassischen Personalauswahl eher selten. Im günstigen Fall finden sich hier Angaben wie »kommunikativ, teamfähig, zielstrebig«, die in vielen Fällen über den Status nichtssagender Floskeln kaum hinausgehen.

Nun bewirbt sich ein promovierter Medizintechniker, der laut Bewerbungsunterlagen auch bereits erste Vertriebserfahrungen gesammelt hat und im Gespräch einen freundlichen und eloquenten Eindruck hinterlässt. Über seine Promotion auf dem Gebiet der Computertomografie berichtet er im Vorstellungsgespräch ausgiebig und kann auch auf alle Nachfragen des Personalers überzeugend antworten. Damit sind die Einstellungskriterien hervorragend erfüllt, die übrigen formalen Aspekte passen auch, und der Bewerber wird eingestellt. Nach einigen Monaten beschwert sich der Vorgesetzte dieses Vertrieblers im Personalbereich über die »Fehlbesetzung« – wie er sagt – und äußert Unverständnis darüber, wie es dazu kommen konnte, dass der Personalbereich im Auswahlverfahren eine »hervorragende Eignung« bescheinigt habe, aber dieser Vertriebler seit inzwischen mehr als einem halben Jahr keine sichtbaren Leistungen zeige. Er habe bereits mit dem Vertriebler ausführlich gesprochen. Der Vertriebler sei darüber selbst erstaunt, da er in früheren Funktionen der Medizintechnik sehr erfolgreich gewesen sei. Er sei sehr kooperativ und an einer Lösung interessiert, da auch er die Diskrepanz zwischen den Anforderungen seines Vorgesetzten und der eigenen Leistung wahrnähme und selbst unzufrieden sei. Der Personalbereich lässt daraufhin ein Affinitätenprofil des Vertrieblers erstellen, das folgendes Ergebnis hervorbringt:

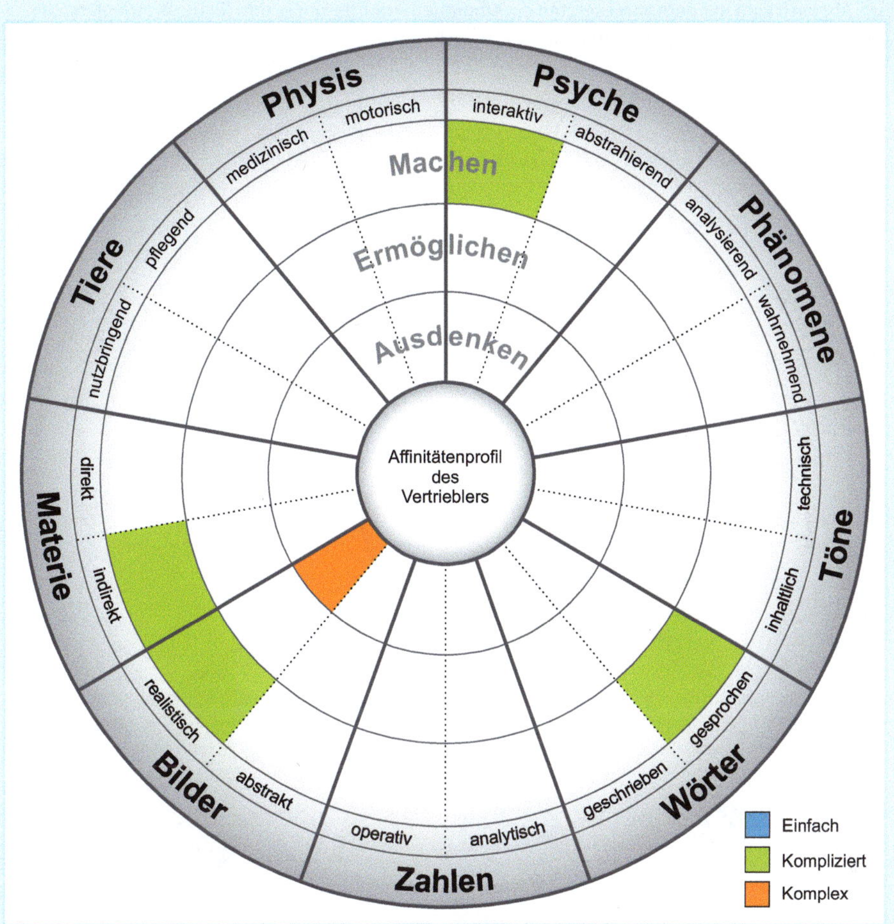

Abb. 8: Affinitätenprofil des Vertrieblers

Die Kommunikationsstärke des Vertrieblers spiegelt sich in der Affinität zu *interaktiver Psyche* und zu *gesprochenen Wörtern* wider, durch die er im Vorstellungsgespräch sehr sympathisch wirkte und die Gesprächspartner überzeugte. Sein Interesse an der Medizintechnik stammte aus der Beschäftigung mit bildgebenden Verfahren wie Röntgen, Computertomografie und MRT. Dabei passte seine Affinität zu *realistischen Bildern* im *Ausdenken* und *Machen* hervorragend zum Promotionsthema im Bereich der Computertomografie. Die damit verbundenen praktischen Durchführungen von Tests und Untersuchungen harmonieren sehr gut mit der Affinität zu *indirekter Materie*. Allerdings war das Promotionsthema fast ausnahmslos auf die Technik des bildgebenden Verfahrens ausgerichtet. Die Patienten waren dabei Gegenstand »technischer« Untersuchungen, spielten aber im direkten Kontakt mit unserem Vertriebler kaum eine relevante Rolle. Das war auch nicht weiter verwerflich, weil die Patientenbetreuung durch Pflegepersonal sichergestellt wurde, während der Vertriebler sich ausschließlich auf die technischen Belange konzentrieren konnte. Somit war trotz Patientenbezug keine *Physis-Affinität* erforderlich. Da der Vertriebler während seiner Promotionszeit die Ideen und Konzepte selbst erdachte und auch selbst umsetzte, war seine fehlende Affinität zum *Ermöglichen* niemandem aufgefallen – noch nicht einmal ihm selbst.

Zum Abgleich wird mit dem Vorgesetzten ein Affinitäten-Anforderungsprofil für die Vertrieblerstelle erstellt, das folgendes Resultat zeigt:

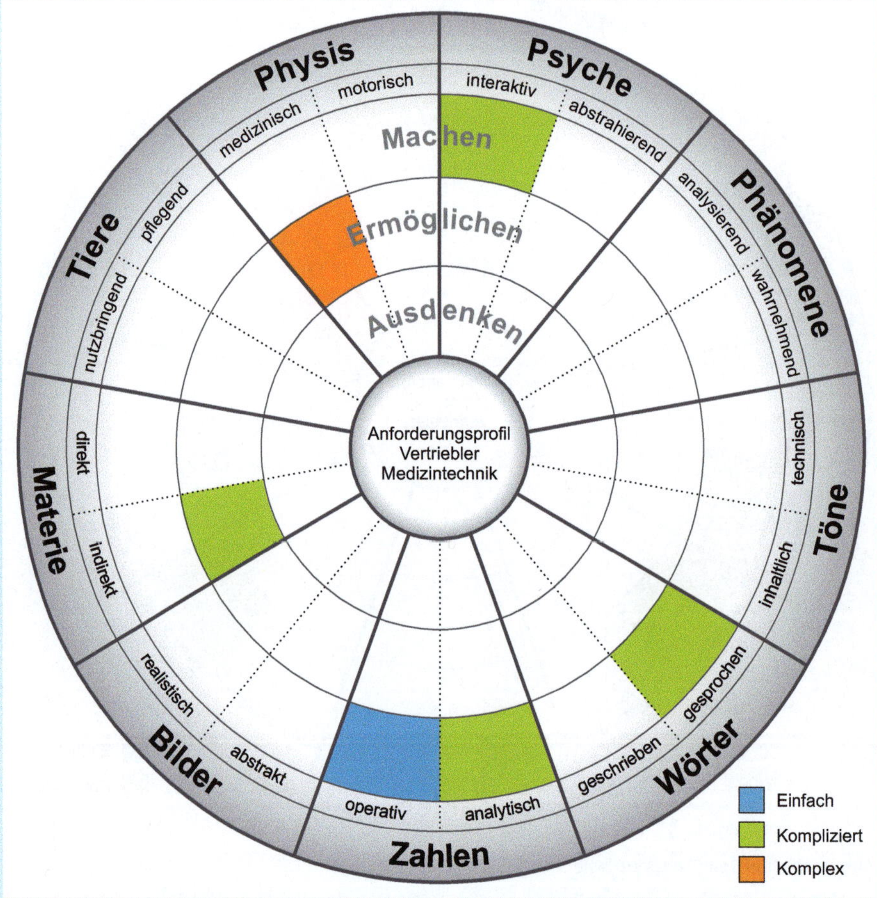

Abb. 9: Anforderungsprofil für die Vertriebstätigkeit in der Medizintechnik

Die Grundlage für nahezu jede Vertriebstätigkeit ist gelungene Kommunikation. Beim direkten Kundenkontakt kommt es dabei besonders auf die *gesprochenen Wörter* an. Die *Zahlen-Affinität* ist relevant, um ein Verständnis für den zu erzielenden Umsatz zu haben, Vertriebsaktivitäten abzurechnen (*operativ*) und in Form von Kennzahlen auszuwerten (*analytisch*). Für die betriebswirtschaftliche Orientierung und die Auswahl lukrativer Aufträge mit großer Gewinnmarge oder gutem Aufwand-Nutzen-Verhältnis sollte der Vertriebler Zahlen analysieren können. Alles das erledigt der Vertriebler weitestgehend selbst, also in der Arbeitsphase *Machen*. Aufgrund des technisch anspruchsvollen Produkts und der damit einhergehenden Fähigkeit, Ärzten technische Zusammenhänge zu erklären und mit ihnen technische Anpassungen und Weiterentwicklungen zu erörtern, ist die Affinität zu *indirekter Materie, Ermöglichen* erforderlich. Indem die Implantate funktionaler Bestandteil des menschlichen Körpers der Patienten werden sollen, ist die *Physis-Affinität medizinisch* unerlässlich. Auch hier spielt die Affinität zum *Ermöglichen* eine wichtige Rolle, weil die Implantate angepasst und konfiguriert werden sollen und für Ärzte und Patienten vorbereitet werden müssen. Und nicht zuletzt ist – wie bei jedem Vertriebler – die Affinität zu *Psyche interaktiv* grundlegend, um in den Gesprächen Sachinformationen nicht nur emotionslos zu vermitteln. Hingegen soll der Gesprächspartner mit wirkungsvollen Kommunikationstechniken motiviert werden, die angepriesenen Produkte auch zu kaufen.

Der Vergleich der beiden Affinitätenprofile macht das Problem sichtbar, das in dieser Weise auch dem Vertriebler selbst nicht bewusst war. Denn mit dem Wissen um das Affinitäten-Anforderungsprofil und der Kenntnis des eigenen Affinitätenprofils hätte der Vertriebler diese Stelle nie angenommen.

3.5 Teamentwicklung

In Vorstellungsgesprächen beschreiben sich fast alle Menschen als teamfähig. Erstens hört sich diese Selbsteinschätzung gut an und zweitens wird sie laut Stellenanzeigen von den meisten Arbeitgebern erwartet. Da muss man schon sehr naiv oder sehr reflektiert sein, um die Frage nach der Teamfähigkeit anders zu beantworten, als vom Arbeitgeber erwartet. Auf die Frage, was Bewerber und Recruiter unter »Teamfähigkeit« verstehen, gehen die meisten Antworten in Richtung »gut mit anderen zusammenarbeiten«. Und auch diejenigen, die schon einige Jahre Berufserfahrung und damit die eine oder andere spannungsreiche Situation erlebt haben, beschreiben sich in der Regel als teamfähig. Bei näherer Betrachtung vermittelt die Realität in vielen Unternehmen jedoch nicht den Eindruck, dass es sehr viele teamfähige Menschen gibt.

Umso stärker drängt sich die Frage auf, wieso trotz der Selbsteinschätzung flächendeckender Teamfähigkeit die Zusammenarbeit doch nicht so reibungslos funktioniert. Das kann natürlich verschiedene Gründe haben. Aber nur selten machen sich die Betroffenen die Mühe, der Ursache auf den Grund zu gehen. Stattdessen stellen sie zusammenfassend fest, dass »die Chemie eben nicht passt«. Manchmal sind sehr unterschiedliche Persönlichkeitstypen die Ursache. Wenn beispielsweise ein harmonieorientierter Mensch mit einem herausfordernden Kollegen, der keinen Konflikt scheut, zusammenarbeiten soll, kann man zwar auf der Verhaltensebene versuchen, Regeln für die Zusammenarbeit aufzustellen, aber trotz Konfliktlösungstraining und Mediation werden sich die Persönlichkeiten nicht grundlegend ändern.

Sofern Spannungen und Konflikte mithilfe von Persönlichkeitsmodellen analysiert, veranschaulicht und gelöst werden können, ist das sehr gut. Die Realität zeigt aber, dass es nicht selten auch dort zu Spannungen und Konflikten kommt, wo Menschen von ihren Persönlichkeiten her gut zusammenpassen und sogar gewillt sind, konstruktiv zusammenzuarbeiten. Teilweise sind diese Spannungen nur im Team sichtbar, teilweise aber auch darüber hinaus, was sich häufig in Form von schlechter Leistung des Teams äußert. Der Vorgesetzte, der daraufhin den Druck erhöht und bessere Performance einfordert, mag kurzfristig die Leistungskurve etwas nach oben richten. Aber mittel- und langfristig braucht eine gute Zusammenarbeit wirkungsvollere Methoden.

Gerade bei Hochleistungsteams, bei denen nur eine enge und eingespielte Zusammenarbeit zum Erfolg führt, sollte das Affinitäten-Modell als effektives Werkzeug genutzt werden.

Gerade bei Hochleistungsteams sollte das Affinitäten-Modell als effektives Werkzeug genutzt werden.

Affinitätenprofile können bei der Teamentwicklung an unterschiedlichen Stellen eingesetzt werden, von denen nachfolgend einige typische Anwendungsfälle beschrieben werden.

3.5.1 Teamanalyse

Die Teamanalyse mithilfe von Affinitätenprofilen ist eine Maßnahme, um Licht ins Dunkel zu bringen. Oftmals wird dadurch auch der Blick von vermeintlich psychischen Interpretationen weggelenkt und analytisch versachlicht. Das allein hilft in den meisten Fällen, um den bei üblichen Teamanalysen vorhandenen psychischen Druck herauszunehmen.

Mithilfe von Affinitätenprofilen kann der bei üblichen Teamanalysen vorhandene psychische Druck herausgenommen werden.

Wenn die Mitarbeiter eines Teams hören, dass bei ihnen eine Teamanalyse durchgeführt werden soll, ruft das bei nicht wenigen Personen nach eigenen Aussagen Assoziationen mit »Gruppenspielchen« und »Psychoübungen« hervor. Vermutlich liegt das daran, dass viele Trainer und Berater für psychologische Teamanalysen ausgebildet wurden. Aber auch hier gilt: Nur, weil ich einen Hammer habe, kann ich nicht davon ausgehen, dass jedes Problem ein Nagel ist[27].

Wenn das Problem des Teams tatsächlich psychischer Natur ist, können und sollen auch psychologische Instrumente verwendet werden. In vielen Fällen sind diese aber nicht erforderlich und schrecken die damit nicht vertrauten Personen unnötigerweise ab. Wird die Teamanalyse nun mithilfe von Affinitätenprofilen durchgeführt, führt das oftmals sehr schnell zur Lösung des Problems. Sofern sich dabei herausstellt, dass die Probleme auch psychischer Natur sind, können gern entsprechende Methoden hinzugefügt werden.

Diese Reihenfolge in der Vorgehensweise hat den Vorteil, dass die Themen analytisch behandelt werden, ohne gleich den für viele Menschen befremdlichen therapeutischen Touch in den Mittelpunkt zu rücken. Haben die Teammitglieder erst einmal das Grundprinzip des Affinitäten-

27 In Anlehnung an das Mark Twain und Paul Watzlawick zugeschriebene Zitat.

Modells verstanden, gibt es meistens einen Aha-Effekt, der durch die Visualisierung erzeugt wird. Die Lösung des vermeintlichen Problems liegt in vielen Fällen für alle sichtbar auf der Hand und wird von den Teammitgliedern selbst gefunden.

Praxisbeispiel

Ein Unternehmen für Softwareentwicklung hat einen wichtigen Auftrag bekommen. Um den Auftrag bestmöglich abzuarbeiten, werden die klügsten Köpfe ausgewählt und als Team zusammengestellt. Die Teammitglieder verstehen sich persönlich sehr gut. Nach dem Projektstart arbeiten sie in dieser Konstellation intensiv einige Wochen zusammen. Im Vorübergehen und durch Flurgespräche bekommt der Geschäftsführer ab und an ein paar Ideen und Lösungsansätze mit, von denen er begeistert ist. Kein Wunder, denn es wurden ja die klügsten Köpfe ausgewählt.

Ein paar Wochen später erhält der Geschäftsführer einen verärgerten Anruf vom Kunden dieses Projekts. Der Kunde beschwert sich darüber, dass er seit Projektstart nichts mehr aus dem Projektteam gehört habe. Daraufhin habe er selbst mit dem Team Kontakt aufgenommen. Aber auch danach habe er bisher noch keine Rückmeldung, geschweige denn Zwischenergebnisse erhalten. Der Kunde ist genervt und enttäuscht darüber, dass die – nach Aussagen des Geschäftsführers – klügsten Entwickler-Köpfe des Unternehmens keine PS auf die Straße bekämen. Er habe den Eindruck, dass diese Softwareentwickler schon könnten, wenn sie denn nur wollten. Denn gute Ideen hätten sie ja. Von daher könne er sich des Eindrucks nicht erwehren, dass es hier an der nötigen Motivation mangele. Sofern er nicht binnen Wochenfrist aussichtsreiche Zwischenergebnisse erhielte, werde er den Auftrag stornieren.

Der Geschäftsführer versteht die Welt nicht mehr und zweifelt an seiner Einschätzung der klügsten Köpfe. Daraufhin stellt er das Team zur Rede und fordert sofortige Ergebnisse. Die Teammitglieder versichern ihm, dass sie in den vergangenen Wochen intensiv Algorithmen entwickelt und an deren Optimierung experimentiert hätten und bahnbrechende Ideen realisieren wollten. Das alles klingt für den Geschäftsführer sehr überzeugend, logisch und sachlich fundiert. Als aber nach drei weiteren Tagen noch keine Ergebnisse in Sicht sind, beauftragt er einen befreundeten Coach, der sich das Team »mal ansehen« soll, denn er weiß sich keinen anderen Rat.

Der Coach hat glücklicherweise Zeit und wird unverzüglich aktiv. Er spricht mit den Teammitgliedern, analysiert ihre Persönlichkeiten und Arbeitsbeziehungen, führt eine systemische Teamaufstellung durch und lässt sie diverse Tests absolvieren. Schließlich kommt er zu dem Ergebnis, dass es sich tatsächlich um hochbegabte Softwareentwickler handelt, die von ihren Persönlichkeiten her hervorragend zusammenpassen. Es gibt weder offensichtliche noch unterschwellige Konflikte, alle sind hoch motiviert. Warum sie dennoch keine Resultate erreichen, ist ihm schleierhaft. Vor Kurzem hat er jedoch vom Affinitäten-Modell gehört und empfiehlt es dem Geschäftsführer, weil er sich sonst keinen anderen Rat weiß.

Der Geschäftsführer greift aus Verzweiflung nach dem Strohhalm des ihm unbekannten Affinitäten-Modells. Die daraufhin mithilfe von Affinitätenprofilen durchgeführte Teamanalyse liefert folgendes Ergebnis:

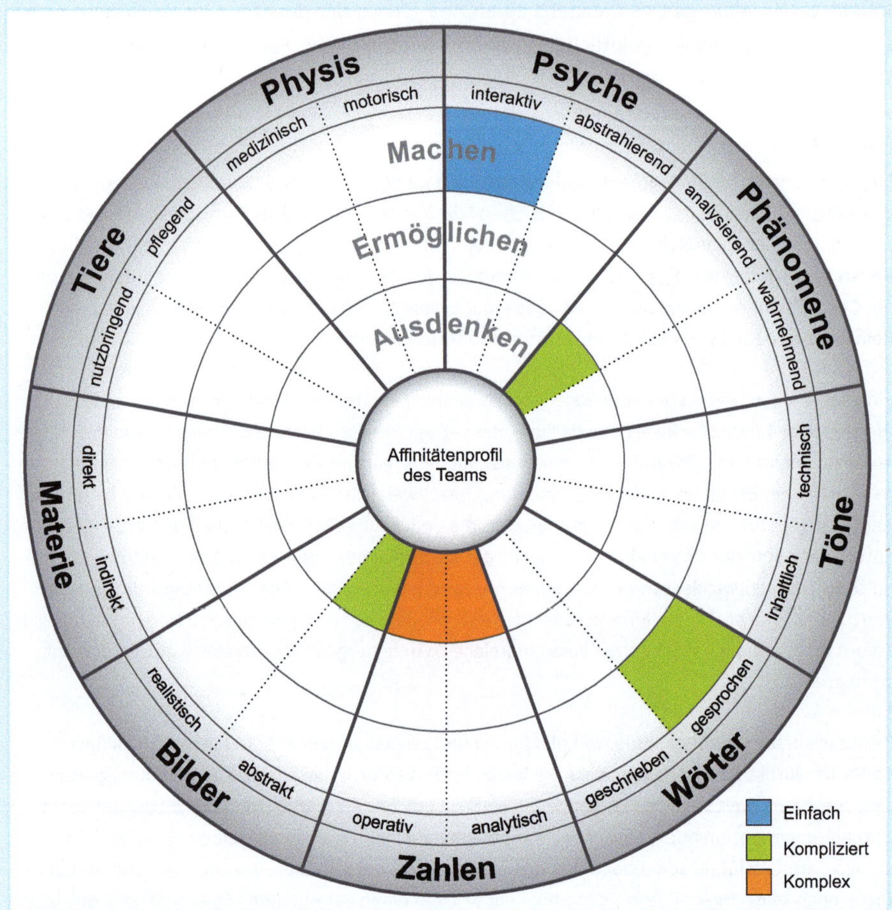

Abb. 10: Affinitätenprofil des Softwareentwickler-Teams

Die Teammitglieder haben ein überraschend übereinstimmendes Affinitätenprofil. Es liegt die Vermutung nahe, dass in diesem Softwareunternehmen ein ganz bestimmter Typus Softwareentwickler als Idealbild angesehen wird. Vor diesem Hintergrund wurden höchstwahrscheinlich die »klügsten Köpfe« ausgewählt, die alle mehr oder weniger diesem Idealbild entsprechen. Bis auf wenige vernachlässigbare Abweichungen spiegelt die Grafik die Gemeinsamkeiten aller Teammitglieder wider. Aufgrund ihrer Affinität zu *gesprochenen Wörtern* und zu *interaktiver Psyche* verstehen sie sich sehr gut, harmonieren als Menschen und kommunizieren gern und gut auf einer für alle passenden Ebene. Das, was sie darüber hinaus verbindet, ist ihre Affinität zur Arbeitsphase *Ausdenken*, die bei *Zahlen, abstrakten Bildern* und auch bei zu *analysierenden Phänomenen* ausgeprägt ist.

Als der Geschäftsführer das Ergebnis präsentiert und erläutert bekommt, fällt es ihm wie Schuppen von den Augen. Denn die grafische Auswertung im Affinitätenprofil zeigt unmissverständlich die Ursache: Es scheinen wirklich die klügsten Köpfe zu sein, denen es Spaß macht und leicht fällt, sich die ausgefeiltesten Softwareideen und Algorithmen auszudenken. Aber die Arbeitsphasen-Affinität *Ausdenken* ist absolut dominant im Team. Die Arbeitsphasen-Affinität *Machen* beschränkt sich nur auf die Interaktion und Kommunikation im Team und nach außen. Damit kommen sie zwar menschlich untereinander und mit anderen Menschen sehr gut zurecht, aber bei alledem sind sie eben die *Denker* und nicht die *Macher*.

Mit diesem Analyseergebnis ist die Lösung des Problems auch offensichtlich. Und auch die Teammitglieder selbst erkennen nun die Ursache für die geringe Umsetzungsstärke. Von daher stehen sie auch voll hinter der Lösung, die darin besteht, das Team anders zu strukturieren. Ein Kollege mit der Arbeitsphasen-Affinität *Machen* wird daraufhin ins Team geholt, um die PS auf die Straße zu bekommen. Ein weiterer Kollege mit der Arbeitsphasen-Affinität *Ermöglichen* kommt ebenfalls hinzu, um die Schnittstelle zwischen *Ausdenken*, *Machen* und der Kundenbeziehung sicherzustellen. Kurze Zeit später läuft das Projekt zur vollsten Zufriedenheit des Kunden.

Nach dieser Erfahrung beschließt der Geschäftsführer, dass fortan jedes Projektteam aus einem Affinitäten-Mix aus *Ausdenken*, *Ermöglichen* und *Machen* bestehen soll. Dank der Visualisierung der Affinitätenprofile bedarf diese Entscheidung keiner großen Überredungskünste. Stattdessen ist diese Vorgehensweise für alle leicht nachvollziehbar. Der Affinitäten-Mix wird in den Teams eingeführt, und seitdem gibt es in jedem Team kreative Ideen, die permanent mit den Kundenanforderungen abgeglichen und effektiv und effizient umgesetzt werden.

3.5.2 Aufgabenverteilung im Team

Die Aufgabenverteilung innerhalb von Teams ist häufig ein sehr unbeliebtes Spiel. Das gilt sowohl für bereits vorhandene Aufgaben als auch für neue. Sofern die Aufgaben zu den Affinitäten der jeweiligen Mitarbeiter passen, ist alles bestens. Aber das ist die sehr seltene Ausnahme. Wann immer möglich, werden stattdessen unliebsame Aufgaben wie beim Schwarze-Peter-Spiel weggeschoben. Und wenn der Chef mit neuen Aufgaben daherkommt, laufen auch die ansonsten wenig kreativen Kollegen zur Höchstform beim Erfinden von Ausreden auf, um nur keine von den unliebsamen Aufgaben abzubekommen. Aber was sind eigentlich »unliebsame« Aufgaben? Abgesehen von Kapazitätsengpässen ist eine Aufgabe nur dann »unliebsam«, wenn der betreffende Mitarbeiter keine Affinität zu dieser Aufgabe hat. Um das herauszufinden, gibt es das Affinitäten-Modell.

Ohne Zuhilfenahme von Affinitätenprofilen werden Aufgabenverteilungen entweder so lange ausdiskutiert, bis der konfliktscheuste Kollege zuerst nachgibt, oder der Chef weist die Aufgaben zu und löst damit auch nur allzu oft Demotivation aus. Gerade im Fall der Aufgabenverteilung im Team ist das Affinitäten-Modell ein Werkzeug, das die Arbeit von Führungskräften enorm entspannen kann.

Bei der Aufgabenverteilung kann das Affinitäten-Modell die Arbeit von Führungskräften enorm entspannen.

Denn die Führungskraft kann zunächst einmal sehr emotionsfrei die Affinitäten der Mitarbeiter herauskristallisieren. Sofern die Führungskraft auf dieser Basis die Aufgaben verteilt, gibt es in der Regel auch keine Widerstände – abgesehen von der Menge der Arbeit.

Was ist aber, wenn es Aufgaben zu verteilen gibt, für die es im Team keine Affinitäten gibt? An diesem Punkt liefern Affinitätenprofile den Moment der Wahrheit, der von der Führungskraft durchaus Mut erfordert. Denn wenn die Affinitäten-Teamanalyse tatsächlich ergibt, dass das Team für bestimmte Aufgaben keine Affinitäten hat, wird das Problem offensichtlich: Entweder hat die Führungskraft das Team falsch zusammengestellt, oder ein ursprünglich gut zusammengestelltes Team hat beispielsweise aufgrund von Unternehmensentscheidungen größtenteils andere Aufgaben erhalten.

Letzteres ist eher selten der Fall. Denn selbst bei größeren Unternehmensrestrukturierungen ist die Finanzabteilung hinterher auch für die Finanzen zuständig und der Vertrieb für die Kundenkontakte. Von daher ist es die Ausnahme, wenn durch Restrukturierungen aufgabenbezogene Affinitäten komplett verändert werden. Aber selbst in einem solchen Fall liefert die Affinitäten-Teamanalyse zumindest eine ehrliche Antwort: Die Mitarbeiter passen nicht zu den Aufgaben – oder umgekehrt.

Die Lösung folgt einer einfachen Logik. Entweder ändert die Führungskraft die Aufgaben (-verteilung) oder sie verändert das Team.

Sofern die »unliebsamen« Aufgaben nur einen kleinen Anteil am gesamten Portfolio einnehmen oder zeitlich befristet sind, sind die meisten Menschen bereit, derartige Aufgaben auch ohne entsprechende Affinität zu übernehmen. Auch dabei hilft die Affinitäten-Teamanalyse, indem die Führungskraft visuell veranschaulichen kann, dass das Gros der Aufgaben und deren zeitlicher Hauptanteil den Affinitäten des Teams entsprechen, dass dies der Führungskraft bewusst ist, und dass nach Abarbeitung der »unliebsamen« Aufgaben das Team wieder zu seinen Affinitäten zurückkehren kann. Die Erfahrung hat gezeigt, dass das Transparentmachen die meisten Probleme löst oder zumindest erträglich macht.

Entweder die Führungskraft ändert die Aufgaben (-verteilung) oder sie verändert das Team.

Nicht immer können Aufgaben und Affinitäten in hundertprozentige Deckung gebracht werden. Das Ziel jeder Führungskraft und jedes Unternehmens sollte jedoch sein, bei der Zuordnung der Verantwortlichkeiten und Aufgaben eine größtmögliche Übereinstimmung zwischen Aufgaben und Affinitäten der Mitarbeiter zu erreichen. Wo das gelingt, sind die Mitarbeiter intrinsisch, das heißt von sich aus motiviert, was zu guten Arbeitsleistungen und einem positiven Arbeitsklima führt. Führungskräfte und Unternehmen, die dagegen keinen Wert auf die Passung der Affinitäten legen, werden früher oder später viel Zeit und Geld aufwenden, um Ursachenforschung für die Schlechtleistungen zu betreiben, Coaches zu engagieren und diverse Pseudo-Maßnahmen zur Motivationssteigerung umzusetzen.

Aber genauso, wie sich grundlegende Persönlichkeitseigenschaften kaum ändern lassen, sind auch die Affinitäten ab einem bestimmten Lebensalter ziemlich stabil. Die Konsequenz ist logisch: Wer die Ursachen nicht klärt, wird mit Maßnahmen zur Symptombehandlung dauerhaft beschäftigt sein. Diesen unnötigen Aufwand kann und sollte sich aber kein Unternehmen leisten (wollen). Wer stattdessen Affinitätenprofile einsetzt, spart Zeit und Geld und schont die Nerven bei der Teamentwicklung und Aufgabenzuordnung.

Wer Affinitätenprofile einsetzt, spart Zeit, Geld und schont Nerven bei der Teamentwicklung und Aufgabenzuordnung.

Praxisbeispiel

Die Personalabteilung eines mittelgroßen Industrieunternehmens hat einen neuen Personalleiter bekommen. Der bisherige Personalleiter war hinsichtlich Kompetenzmanagement, Aufgabenverteilung und Personalauswahl recht innovativ eingestellt, was nicht nur Auswirkungen auf andere Fachbereiche hatte, sondern auch in der eigenen Personalabteilung sichtbar wurde. Das Unternehmen hatte in nahezu allem eine eher konventionelle Sichtweise, weshalb der bisherige Personalleiter seine Entscheidungen nicht immer in aller Ausführlichkeit öffentlich erläuterte. Das betraf auch so manche Personalentscheidungen, die bei den altehrwürdigen Kollegen auf Unverständnis stießen, für die der Personalleiter aber seine guten Gründe zu haben schien, und die in der Praxis entgegen der bisherigen Handlungslogik sehr gut funktionierten.

Nachdem der Personalleiter gemerkt hatte, dass er mit seinen innovativen Ansätzen im konservativen Unternehmen keine Gegenliebe fand, hatte er das Unternehmen verlassen. Bei der Wiederbesetzung der Personalleiterstelle hatte die Geschäftsführung darauf Wert gelegt, dass jemand die Stelle einnähme, dessen Ansichten zu der konservativen Ausrichtung des Unternehmens passen würden. Gemäß dem Prinzip der neuen Besen, die bekanntlich gut kehren sollen, verschaffte sich der neue Personalleiter ein Bild von allen seinen Mitarbeitern der Personalabteilung, um einen Überblick über die Struktur seiner Abteilung und die Fähigkeiten seiner Mitarbeiter zu bekommen. Dabei stellte er einige ihm unlogisch erscheinende Aufgabenverteilungen fest, die er sofort in seinem Sinne »korrigierte« mit dem Ziel, eine klassische Personalabteilung zu etablieren.

Nachdem er mehrere Personalmitarbeiter wieder den Aufgaben zugeführt hatte, die er in Hinblick auf ihre Ausbildung für passend hielt, war noch eine Mitarbeiterin »übrig«, mit der er nichts anfangen konnte. Auch konnte er sich beim besten Willen nicht vorstellen, warum der bisherige Personalleiter eine solche Person für die Personalabteilung eingestellt hatte. Denn sie war keine klassische Personalerin, keine Arbeitsrechtsspezialistin, hatte kein BWL-Studium, keine Personalausbildung, sondern sie hatte Lehramt für Mathematik studiert und war vom damaligen Personalleiter frisch vom Studium eingestellt worden. Wenn sie wenigstens Erwachsenenpädagogik studiert hätte, dann hätte sie zumindest die Schulungen koordinieren können, aber so …

Die Entscheidung war schnell klar: Für derartige Exoten war kein Platz in der Personalabteilung. Der Personalleiter hatte das Kündigungsgespräch für die übernächste Woche geplant. Denn gleich in den ersten Tagen eine Kündigung auszusprechen – das wollte er dann doch nicht. Am nächsten Tag hatte der Personalleiter ein Gespräch bei der Geschäftsführung, in dem ihn der Geschäftsführer darauf hinwies, dass der Fokus auf wirtschaftliche Belange des Unternehmens in vielen Fachbereichen in der Vergangenheit vernachlässigst worden sei. Das solle nun vorbei sein, und gerade die Personalabteilung müsse diesbezüglich als Vorbild vorangehen und die demnächst anstehende Budgetplanung für das kommende Jahr in Angriff nehmen. Außerdem wollte der Geschäftsführer wissen, wie denn der Bearbeitungsstand der Prozessdarstellungen der Personalabteilung sei. In der Vergangenheit habe es nämlich bei den anderen Fachbereichen Unklarheit über die Personalprozesse gegeben, weshalb beschlossen worden sei, die Personalprozesse zu visualisieren, damit auch andere Fachabteilungen die Abfolge der einzelnen Arbeitsschritte leicht nachvollziehen könnten. Dieses Thema sei aktuell wieder beim Recruitingprozess deutlich geworden, bei dem doch die Fachabteilungen Klarheit darüber erhalten sollten, wann welche Arbeitsschritte in der Zusammenarbeit mit der Personalabteilung zu vollziehen seien.

Nach diesem Gespräch hatte der neue Personalleiter zwei Aufgabenpakete, die er bisher noch nicht auf dem Schirm gehabt hatte. Angesichts der Dringlichkeit seitens der Geschäftsführung berief er in seiner Abteilung ein spontanes Meeting ein, um über diese Aufgabenpakete zu informieren und den bisherigen Bearbeitungsstand zu erfragen. Das Ergebnis war ernüchternd. Die Aufgaben waren zwar schon lange bekannt, aber seit dem Weggang des bisherigen Personalleiters hatte sich niemand darum gekümmert. Auf die Frage, wer denn die Bearbeitung dieser Aufgaben übernehmen könne, gab es nur betretene Gesichter und die Antwort, dass keiner der Anwesenden bisher Erfahrungen mit Budgetplanung oder gar Prozessdarstellungen habe – auch die erfahrenen Personalreferenten nicht.

Zu allem Unglück gab es auch noch ein zeitliches Problem. Denn der ehemalige Personalleiter hatte bereits vor einigen Monaten einen Teamentwicklungs-Workshop geplant, der in der folgenden Woche stattfinden sollte. Dieser Workshop war bereits bezahlt, der Trainer und das Hotel gebucht, die Terminkalender darauf ausgerichtet und die Personalabteilung hoch motiviert. Der ehemalige Personalleiter hatte diesen Workshop in den höchsten Tönen als Geheimtipp für eine bessere und entspanntere Zusammenarbeit angepriesen. Angesichts des Personalleiterwechsels sollte aus Sicht der Geschäftsführung dieser Workshop nun genutzt werden, um die Personalabteilung neu auszurichten. Man wisse zwar auch nicht, was genau der Inhalt sein würde, aber den Workshop abzusagen, wäre kein gutes Zeichen an die Mannschaft.

Da dieser Workshop nun wohl unumgänglich war, beschloss der Personalleiter, die Zuordnung der Aufgaben zur Budgetplanung und Prozessvisualisierung auf den Workshop zu vertagen. Nach einigen Tagen war es endlich so weit, und der Trainer begrüßte die gesamte Personalabteilung zum Teamentwicklungs-Workshop. Die Bitte des Personalleiters, innerhalb des Workshops die Aufgaben zur Budgetplanung und zur Prozessvisualisierung zu verteilen, wurde vom Trainer überraschend positiv aufgenommen. Der Trainer stellte das Workshopprogramm vor und erläuterte die Zielsetzung, die er noch mit dem ehemaligen Personalleiter abgestimmt hatte. Es sollte um die Aufgabenverteilung in der Personalabteilung gehen, und darum, welche Aufgaben zu wem am besten passten. Auch wenn der neue Personalleiter das eigentlich schon für sich entschieden hatte, wollte er um des lieben Friedens willen diese Zielsetzung nicht torpedieren, denn möglicherweise würde der Workshop ja die Arbeitsmotivation steigern, was ihm nur recht sein konnte.

Nachdem alle Teilnehmer der Zielsetzung zugestimmt hatten, begann der Trainer mit der Vorstellung des Affinitäten-Modells, das bisher niemandem bekannt gewesen war. Anfänglich skeptisch, aber danach voller Engagement analysierten die Mitarbeiter der Personalabteilung ihre Affinitäten und verglichen sie mit der Liste aller Aufgaben, die üblicherweise in der Personalabteilung anfielen. Die Zuordnung der Aufgaben anhand der Affinitäten machte den Mitarbeitern Spaß. Denn sie erkannten sich in vielem wieder und wurden dadurch bestärkt, dass die ihnen zugeordneten Aufgaben auch größtenteils zu ihren Affinitäten passten. Durch die Visualisierung der Affinitätenprofile konnte auch schnell eine Strukturierung der Aufgaben und Mitarbeiter vorgenommen werden, bei der der Trainer nach einiger Zeit nur noch punktuell beratend eingriff. Denn die Mitarbeiter hatten das Affinitäten-Modell verstanden und wendeten es selbstständig an. Nach einigen Analyse- und Diskussionsrunden gab es ein erstes Zwischenergebnis. Das Affinitätenprofil fast aller Personalreferenten ähnelte sich und sah – bis auf vernachlässigbare Abweichungen – folgendermaßen aus:

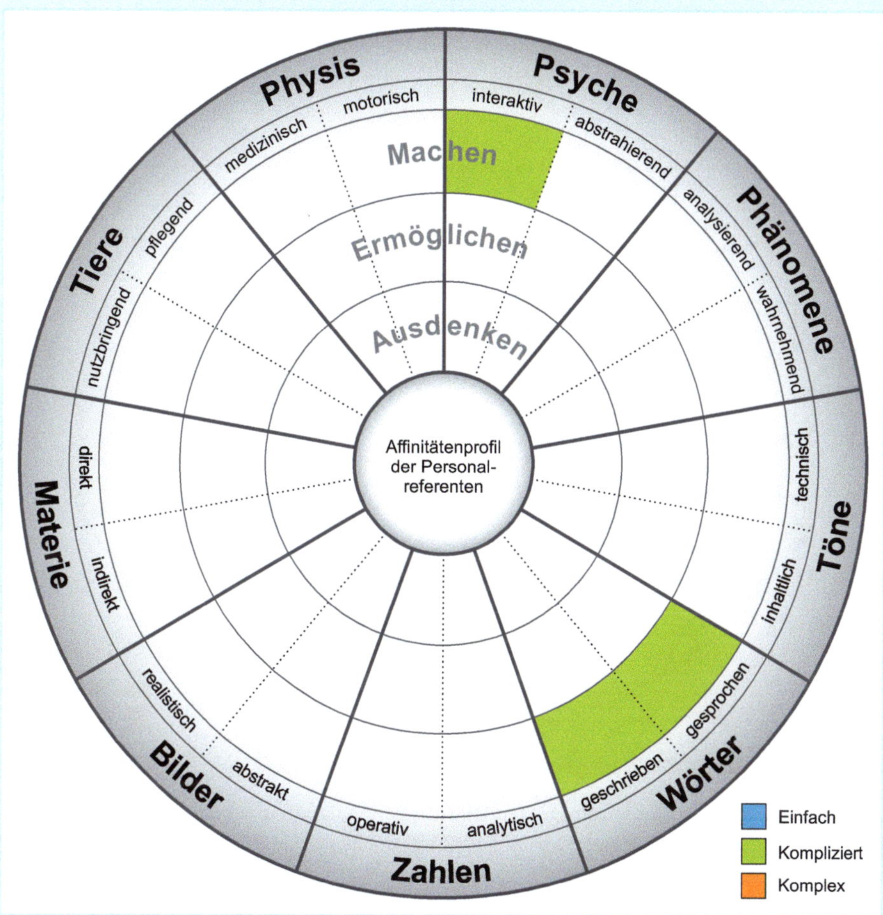

Abb. 11: Affinitätenprofil der Personalreferenten

Dieses Bild entsprach auch ganz der bisherigen Aufgabenverteilung, bei der sich die Personalreferenten vorrangig um Personalgespräche und arbeitsvertragliche Themen gekümmert hatten, von der Einstellung bis zur Kündigung. Die Mitarbeiter der Lohn- und Gehaltsabrechnung hatten ebenfalls ein für ihre Aufgaben gut passendes Affinitätenprofil.

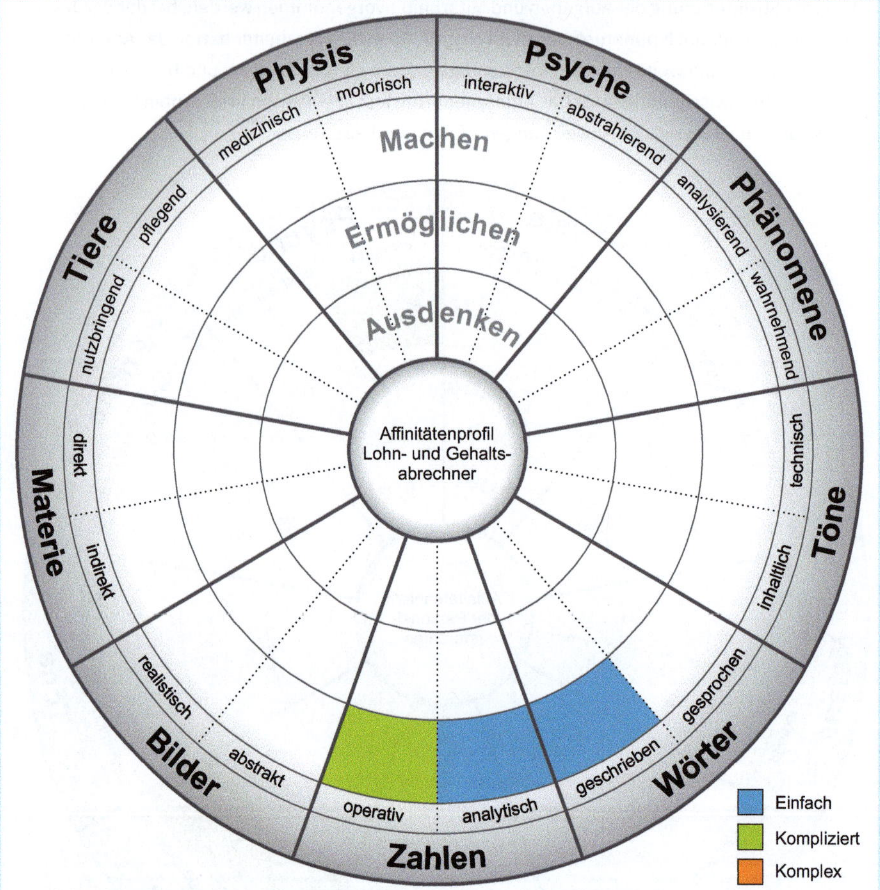

Abb. 12: Affinitätenprofil der Lohn- und Gehaltsabrechner

Nachdem die Liste der Aufgaben zum größten Teil analysiert und zugeordnet war, waren noch ein paar Aufgaben übrig. Dazu zählten konzeptionelle Aufgaben (Arbeitsphasen-Affinität *Ausdenken*), die von der Geschäftsführung geforderte Budgetplanung (*Zahlen-Affinität, Ausdenken*) und die Visualisierung der Personalprozesse (*Bilder-Affinität, Ausdenken, Ermöglichen, Machen*). Doch leider passten diese Aufgaben zu keinem Affinitätenprofil der vorhandenen Personalmitarbeiter – auch nicht zum Affinitätenprofil des neuen Personalleiters.

Die Mathematik-Lehramtsabsolventin hatte sich bis dahin im Workshop eher zurückgehalten, weil sie anhand der Äußerungen des Personalleiters gemerkt hatte, dass er ihr nicht wohlgesonnen war. Aber auf Nachfrage des Trainers stellte auch sie ihr Affinitätenprofil vor, das folgendermaßen aussah. Es war sehr von der Motivation für Mathematik, Geometrie und Pädagogik geprägt und entsprach ihrer nachdenklichen, planerischen Art:

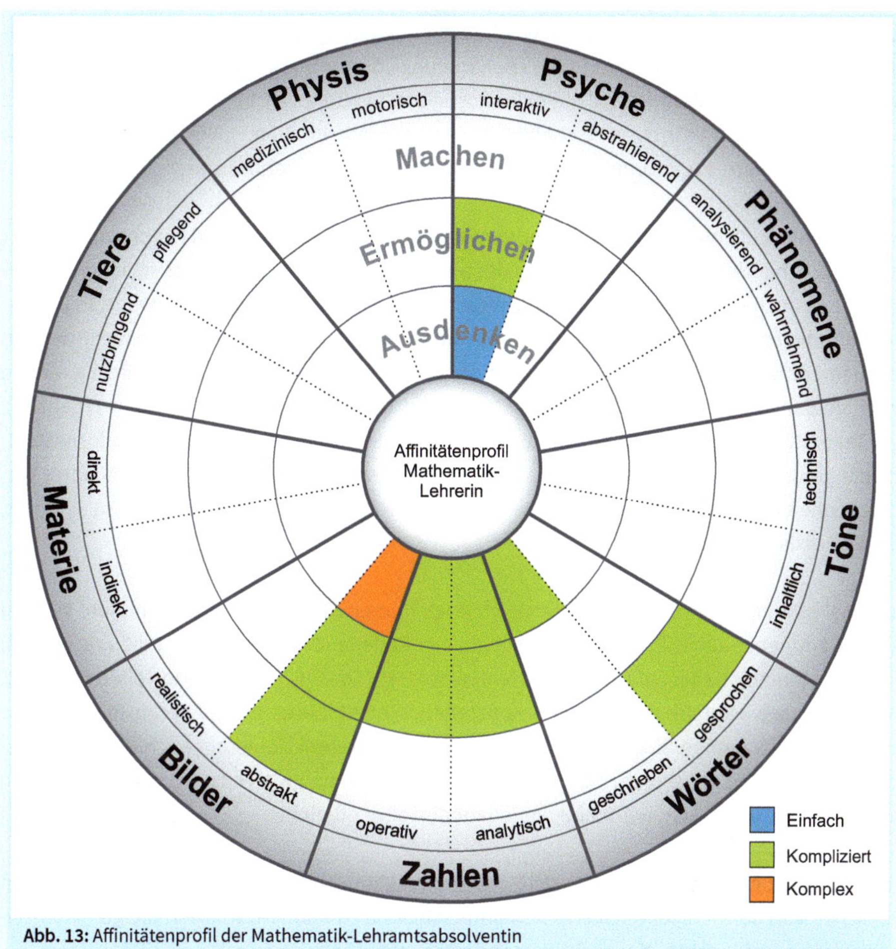

Abb. 13: Affinitätenprofil der Mathematik-Lehramtsabsolventin

Wie aus einem Munde riefen die übrigen Personalmitarbeiter: »Das ist das gesuchte Affinitätenprofil zu den übrig gebliebenen Aufgaben!« Nachdem auch der Trainer dies nur bestätigen konnte und dem Personalleiter zu dieser Teamkonstellation gratulierte, wurde der Personalleiter sehr nachdenklich. Denn nun erkannte auch er, dass sich die aus seiner Sicht anfänglich für absolut unlogisch gehaltene Personaleinstellung als die ideale Ergänzung im Team herausgestellt hatte. Die geplante Kündigung strich er sofort aus seinen Gedanken, denn er war erleichtert, eine wertvolle Mitarbeiterin in seiner Mannschaft zu haben, die ihm bei den für die Geschäftsführung so wichtigen Aufgaben den Rücken stärken würde.

3.5.3 Ergänzung und Zusammenstellung eines Teams

Die Ergänzung eines Teams oder dessen Neuzusammenstellung ist eine Herausforderung, bei der die Weichen für die Zukunft des Teams gestellt werden. Mit der passenden Ergänzung und Zusammenstellung wird das Team früher oder später erfolgreich sein. Mit einer ungenügenden oder gar falschen Team-Ergänzung bzw. -Zusammenstellung sind die Probleme vorprogrammiert. Viel Zeit und Energie wird in die »Behandlung« dieser unglücklichen Konstellation fließen, bis jemand – hoffentlich – den Fehler korrigiert. Letzteres ist für alle Beteiligten sowohl menschlich als auch betriebswirtschaftlich belastend und vor allem völlig unnötig, wenn von Anfang an die Team-Ergänzung analytisch und logisch nachvollziehbar stattfindet.

Bei einer unglücklichen Team-Ergänzung wird häufig der Fehler gemacht, den Schwarzen Peter mit entsprechenden Schuldzuweisungen der hinzugekommenen Person zuzuschieben. Natürlich gibt es auch Menschen, die – egal, in welches Team sie kommen – für jedwede Teamkonstellation belastend sind. Die Erfahrung zeigt aber, dass in den meisten Fällen nicht die Einzelperson an sich das Problem ist, sondern die konkrete Zusammenstellung in Bezug auf die Arbeitsfelder des Teams. Anders ausgedrückt heißt das: Die Kunst bei der Team-Ergänzung und Team-Zusammenstellung besteht darin, unterschiedliche Individuen »passend« hinsichtlich der geforderten Leistungen des Teams so zusammenzubringen, dass sie sich mit ihrer Verschiedenheit ergänzen und gut zusammenarbeiten können. Das hört sich leichter an als es ist, wie die Praxis vielfach beweist.

So banal es klingt, führt folgender Vergleich doch immer wieder zu Aha-Erlebnissen: Wer ein Auto zusammenbauen will, kann auch nicht nur vier Räder mit ein paar Metall-Teilen verbinden. Und wenn jemand dabei aufgrund eines fehlenden PKW-Reifens einen Traktorreifen montiert, weiß jeder, dass man mit dieser Reifen-Konstellation nicht fahren kann. Aber in Teams soll so etwas im übertragenen Sinn auf der menschlichen Ebene funktionieren. Auch dass der Traktorreifen an sich nicht schlecht ist, sondern nur nicht zu einem PKW »passt«, ist im technischen Bild für nahezu jeden klar, bei Teamkonstellationen aber oft nicht.

Die Herausforderung für Führungskräfte und Personalentscheider ist also weniger, die guten Menschen von den schlechten Menschen unterscheiden zu können, sondern die gute *Konstellation* von der schlechten, also nicht passenden *Konstellation*.

Es geht nicht um gute und schlechte Menschen, sondern um die passende Konstellation.

Sofern bereits eine nicht passende Team-Konstellation besteht, helfen die schon beschriebenen Methoden der Teamanalyse und Aufgabenverteilung. Wenn das Kind aber noch nicht in den Brunnen gefallen ist, sondern die Entscheidung noch aussteht, durch wen ein Team ergänzt wird oder wie es neu zusammengestellt wird, kann sich jeder glücklich schätzen. Denn in dieser Situation haben es die Führungskräfte und Personalentscheider selbst in der Hand, alles richtig zu machen, um so die Grundlage für den Teamerfolg zu legen.

Bevor es bei einem solchen Vorhaben um Personen geht, geht es um die zu erzielenden Ergebnisse. Das klingt angesichts der in der Beraterbranche weitverbreiteten (fast ausschließlichen) Menschenfokussierung möglicherweise ungewohnt, ist aber grundlegend wichtig. Denn in der Arbeitswelt geht es nun einmal um Ergebnisse, die ein Chef, ein Firmeninhaber, ein Kunde, ein Auftraggeber erwartet. Ein Team, das diese Ergebnisse nicht liefert, wird früher oder später Druck von außen bekommen, auch wenn sich die Teammitglieder menschlich noch so gut verstehen. Das ist eine Binsenweisheit, die aber bei so manchem Team in Vergessenheit geraten ist.

Bevor es um konkrete Personen geht, geht es um die zu erzielenden Ergebnisse.

Natürlich können sich die erwarteten Ergebnisse und Leistungen auch verändern. Das geschieht in der Regel aber nur in der konkreten Ausprägung der Ergebnisse und Leistungen, nicht aber bei deren grundlegenden Anforderungen. Praktisch bedeutet das, dass ein Ingenieurbüro zwar unterschiedliche Konstruktionen entwickelt, zeichnet und berechnet, aber während die Namen, Orte und das Aussehen der Projekte unterschiedlich sind, sind die grundsätzlichen Tätigkeiten des Konstruierens, Zeichnens und Berechnens doch im Kern identisch oder zumindest sehr ähnlich. Gleiches gilt für Tischler, die unterschiedliche Möbelstücke fertigen, Krankenschwestern, die unterschiedliche Patienten und Krankheitsbilder betreuen und dergleichen mehr.

Dementsprechend ist die möglichst genaue Beschreibung der zu erwartenden Ergebnisse und Leistungen eines Teams Ausgangspunkt für die Team-Ergänzung und -Zusammenstellung. Aus diesen zu erwartenden Ergebnissen und Leistungen werden so präzise wie möglich die erforderlichen Kompetenzen und Affinitäten abgeleitet. Die Kunst dabei ist, die Aufgabenpakete nicht zu kleinteilig aber auch nicht zu verallgemeinernd zu bemessen. Das viel zitierte Bleistiftanspitzen wäre demnach eine zu kleinteilige Aufgabenstrukturierung, während »medizinische Versorgung« eine zu verallgemeinernde Aufgabenbeschreibung für Krankenhausmitarbeiter wäre.

Für das richtige Maß der Aufgabenstrukturierung hilft die Einordnung der jeweiligen Aufgabe in das Affinitäten-Modell. Als Richtwert gilt: Ein Aufgabenpaket sollte ein bis maximal drei Felder im Affinitäten-Modell belegen.

Sofern ein Aufgabenpaket mehr Felder benötigt, ist es entweder zu verallgemeinernd, zu summarisch, oder es ist wirklich sehr anspruchsvoll. Letztere Variante sollte ernsthaft auf die Notwendigkeit ihrer Vielschichtigkeit hin überprüft werden. Denn derartig anspruchsvolle Aufgaben in Bezug auf ihre Affinitäten-Vielfalt sind fast immer schwer zu erlernen und kaum zu delegieren. Eine Vertreterregelung gestaltet sich bestenfalls problematisch, meist aussichtslos, was auch für die Stellenbesetzung dieses Aufgabenpakets zutrifft.

Ein Aufgabenpaket sollte ein bis maximal drei Felder im Affinitäten-Modell belegen.

Nachdem die Aufgaben in dieser Weise strukturiert sind, wird geprüft, welche Aufgabenpakete gleiche oder zumindest ähnliche Affinitätenprofile aufweisen. Die so gefundenen zusammengehörigen Aufgabenpakete reduzieren die Komplexität des gesamten Aufgabenportfolios eines Teams und ermöglichen eine passgenaue Zuordnung zu den Teammitgliedern. Dazu wird eine Affinitäten-Teamanalyse durchgeführt. Der anschließende Vergleich zwischen den Affinitätenprofilen der Aufgaben und den Affinitätenprofilen der Teammitglieder zeigt die vorhandene oder fehlende Passung zwischen beiden. Ein positiver Nebeneffekt ist, dass häufig Affinitäten von Mitarbeitern deutlich werden, die zuvor nicht zum Ausdruck kamen und nun durch Umverteilung der Aufgaben sinnvoll genutzt werden können.

Das folgende Affinitätenprofil repräsentiert ein Team von Walforschern, das sich auf die Erforschung von Walgesängen und darin enthaltener Frequenzmuster spezialisiert hat. Im Affinitätenprofil sind sowohl die für die Aufgaben erforderlichen Affinitäten eingetragen als auch die vorhandenen Affinitäten aller Mitarbeiter des Teams.

Zum Abgleich zwischen den Affinitäten der Teammitglieder und den für die Aufgaben erforderlichen Affinitäten gibt es folgende Kennzeichnung im Affinitätenprofil:

- »A« bedeutet: Erforderliche Affinität einer oder mehrerer Aufgaben, zu der es keine vorhandene Affinität der Personen im Team gibt.
- »P« bedeutet: Diese Affinität ist bei einer oder mehreren Personen im Team zu finden, ohne dass es eine passende Aufgabe dazu gibt.
- »A + P« bedeutet: Übereinstimmung der Affinitäten zwischen Aufgaben und vorhandenen Personen.

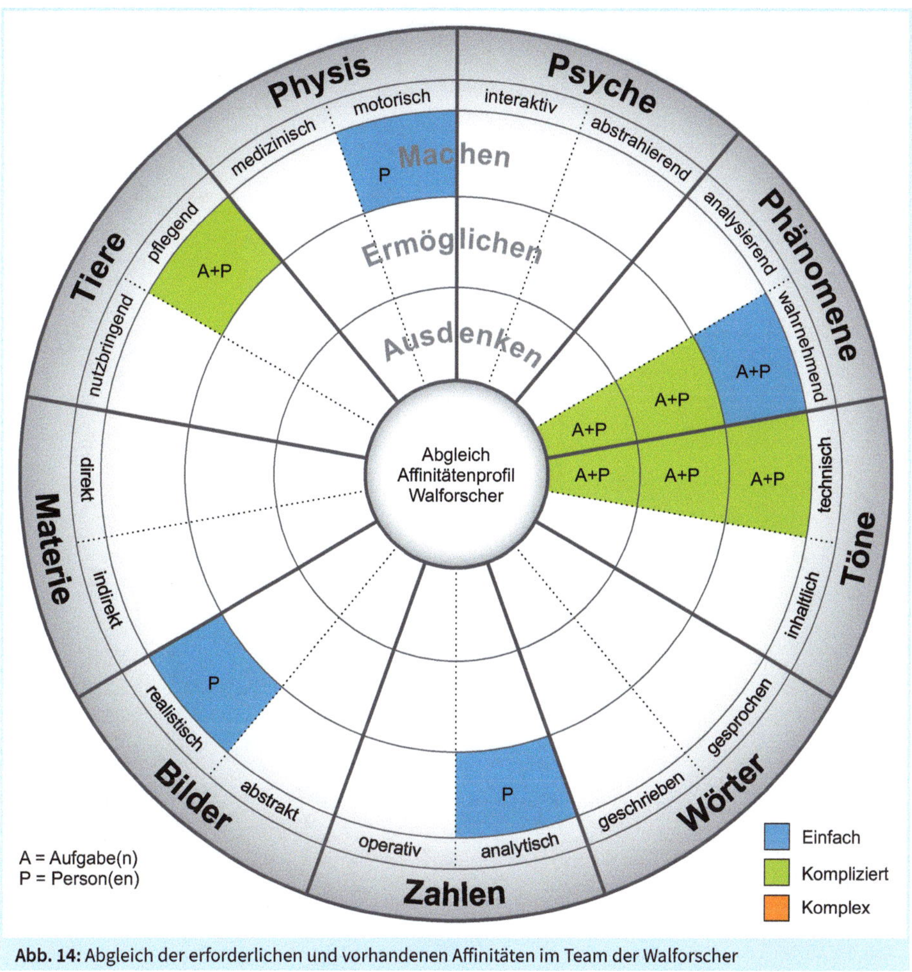

Abb. 14: Abgleich der erforderlichen und vorhandenen Affinitäten im Team der Walforscher

Im Idealfall sind – wie in dieser Affinitäten-Grafik zu sehen – im Team bereits alle erforderlichen Affinitäten vorhanden, und die Aufgabenzuordnung muss nur noch mehr oder weniger angepasst werden, wie in Kapitel 3.5.2 beschrieben.

Weitaus häufiger zeigt sich folgendes Bild, in dem es zwar einige Übereinstimmungen zwischen Aufgaben und vorhandenen Mitarbeitern gibt, bei dem aber darüber hinaus für etliche Aufgaben keine Mitarbeiter im Team vorhanden sind, die die passenden Affinitäten haben.

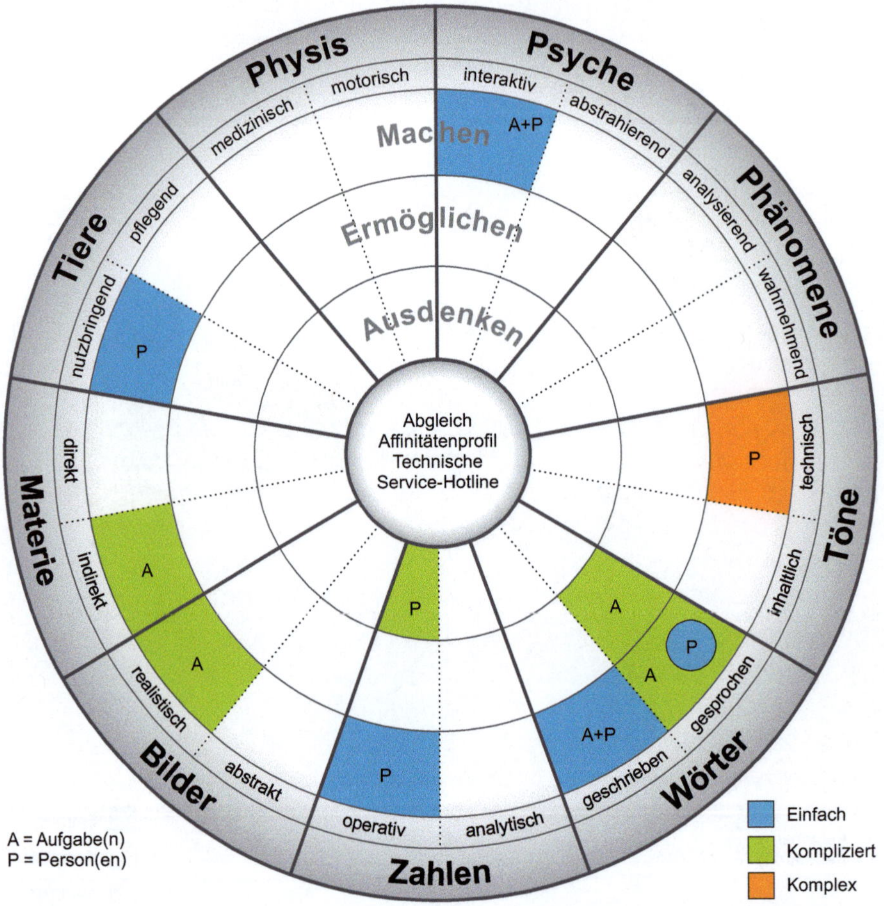

Abb. 15: Abgleich der erforderlichen und vorhandenen Affinitäten im Team der technischen Service-Hotline

In diesem Affinitätenprofil eines Teams einer technischen Service-Hotline haben die Mitarbeiter Erfahrung und Affinitäten aus vorherigen Tätigkeiten im Call-Center für Vertriebsaufgaben. Dort war die *Zahlen-Affinität* für die Auswertung der Verkaufszahlen wichtig. Die *Wörter-* und *Psyche-Affinitäten* sind zwar auch in der technischen Hotline erforderlich, aber hier steht nicht der Verkauf im Mittelpunkt, sondern die Beratung bei technischen Problemen. Für das Verständnis von technischen Geräten und die Interpretation von technischen Zeichnungen auf Bedienungsanleitungen sollte die Affinität zu *indirekter Materie* und zu *realistischen Bildern* vorhanden sein. Um die technischen Zusammenhänge nicht nur zu verstehen, sondern auch den Kunden zur Problemlösung zu befähigen, ist die Arbeitsphasen-Affinität *Ermöglichen* für *gesprochene Wörter* relevant.

Mit diesem Abgleich der Affinitätenprofile der Aufgaben und Mitarbeiter kann leicht prognostiziert werden, welche Probleme eintreten werden, wenn keine Veränderungen im Team vorgenommen werden: Die Mitarbeiter werden zwar freundliche Telefonate führen, aber sie werden weder die technischen Probleme verstehen noch lösen können. Und aufgrund der nicht vorhandenen Affinität zum *Ermöglichen* werden die Kunden nicht in die Lage versetzt werden, die Probleme selbst beheben zu können. Die zahlenorientierten Mitarbeiter werden möglicherweise mit Blick auf die Anzahl der durchgeführten Telefonate ihren Arbeitsaufwand messen und ihre Arbeit positiv bewerten. Aber für die inhaltliche Qualität von technischen Beratungstelefonaten fehlen in dieser Konstellation die erforderlichen Affinitäten. Bei der hier dringend erforderlichen Ergänzung oder sogar weitgehenden Umstrukturierung des Teams sollte eben nicht (nur) die Erfahrung in Call-Centern Auswahlkriterium sein. Hingegen sollten die fehlenden Affinitäten die Grundlage für diese Personalentscheidungen bilden.

Auch wenn es eigentlich selbstverständlich sein sollte, bei der Team-Ergänzung eine Person zu finden, die die fehlenden Affinitäten im Team ergänzt, zeigt die Praxis, dass allzu oft nur eine quantitative Team-Ergänzung vorgenommen wird, jedoch keine qualitative. Das heißt, dass zwar die Anzahl der Teammitglieder erhöht wird, aber nicht die fehlenden Affinitäten ergänzt werden.

Häufig wird nur die Anzahl der Teammitglieder erhöht, ohne jedoch die fehlenden Affinitäten zu ergänzen.

Ohne Zuhilfenahme der Affinitätenprofile wird diese Diskrepanz oft nicht deutlich. Durch die Verwendung der Affinitätenprofile und deren Visualisierung wird für alle Beteiligten transparent, welche Affinitäten erforderlich sind, welche vorhanden sind und welche ergänzt werden müssen. Somit ergibt sich auch unmissverständlich und für alle nachvollziehbar das Anforderungsprofil für ein oder mehrere neue Teammitglieder.

Häufig sind die beteiligten Personen vom Anforderungsprofil überrascht, weil die zu suchende Person ganz anders sein soll, als man selbst oder als das »typische« Teammitglied ist. Aber genau das ist ja der Sinn der Ergänzung. Bei Führungskräften und Personalentscheidern, die dieses Prinzip nicht beherzigen, stellt sich die Team-Ergänzung oder -Zusammenstellung als nicht effektiv oder sogar kontraproduktiv heraus. Führungskräfte und Personalentscheider, die dieses Prinzip zwar beherzigen, es dem Team aber nicht vermitteln wollen oder können, treffen zwar die richtigen Personalentscheidungen, haben dafür aber mit Unverständnis, Gegendruck und Ablehnung der neuen Teamkonstellation zu kämpfen. Führungskräfte und Personalentscheider, die dieses Prinzip beherzigen, das Team mithilfe des Affinitäten-Modells einbeziehen und die Analyse der Aufgaben- und Team-Affinitäten veranschaulichen, treffen die richtigen Personalentscheidungen und können mit der Zustimmung und Unterstützung des Teams rechnen.

Wer das Affinitäten-Modell effektiv nutzt, kann die richtigen Entscheidungen treffen und mit der Unterstützung des Teams rechnen.

Ein in dieser Weise ergänztes oder zusammengestelltes Team ist die beste Voraussetzung für gute Zusammenarbeit und Teamerfolg.

Praxisbeispiel

Im Mitarbeiterteam eines kleinen Zoos herrscht ein gutes Arbeitsklima. Die Persönlichkeiten sind zwar durchaus unterschiedlich, aber die Mitglieder des Teams »Operative Zoologie« schätzen diese Unterschiedlichkeit, respektieren sich und haben ein nahezu freundschaftliches Verhältnis zueinander. Dieses äußerst positive Miteinander wird durch die bei allen vorhandene Tierliebe und Leidenschaft für die Sorge um die Tiere und ihre Lebensräume im Zoo unterstützt. Egal, ob Füttern, Ausmisten, Gehege gestalten, Jungtiere aufziehen, kranke Tiere pflegen – all das erledigt das Team »Operative Zoologie« mit viel Hingabe und in absolut zuverlässiger Weise. Zwei Jahre zuvor war im Zoo eine neue Organisationsstruktur mit sehr flachen Hierarchien eingeführt worden. Darauf waren die Zoomitarbeiter sehr stolz, denn diese neue Struktur ermöglichte es ihnen, die Bewältigung der anstehenden Aufgaben selbst zu organisieren und im Team Entscheidungen zu treffen.

Neben den alltäglichen Aufgaben gibt es jedoch noch ein anderes Thema, das dringend bearbeitet werden muss. Der Zoo ist auf Fördermittel angewiesen und muss diese Fördermittel in bestimmten zeitlichen Abständen jeweils neu beantragen und auch ausreichend begründen. Nun sind die Auflagen für die Bereitstellung von Fördermitteln gestiegen, sodass die früher üblichen Begründungen nicht mehr ausreichen. Stattdessen ist ein Gesamtkonzept gefordert. Dieses Gesamtkonzept soll alle Aspekte berücksichtigen, von der artgerechten Haltung über die Einhaltung von Rechtsvorschriften bis hin zur Erstellung von detaillierten Lastenheften für Neuanschaffungen als Grundlage für Ausschreibungen, Budgetplanung und vieles mehr.

Da das Team »Operative Zoologie« den Zoo und alles, was dazugehört, am besten kennt, überträgt der Zoodirektor die Fördermittel-Aufgabe diesem Team. Zuerst hatte er überlegt, welcher Person er diese Aufgabe übertragen könnte. Aber weil die hervorragend gute Zusammenarbeit dieses Teams allseits bekannt ist, hatte er sich dazu entschieden, es dem Team zu überlassen, wer im Team diese Aufgabe übernähme. Ob sie die Aufgabe gemeinsam bearbeiten oder Teilaufgaben untereinander verteilen würden, war ihm egal. Doch niemand im Team ist von dieser Aufgabe begeistert, und da es zurzeit – wie eigentlich immer im Zoo – ausreichend pflegerische Aufgaben gibt, bleibt die Fördermittelaufgabe erst einmal liegen.

Nach zwei Wochen möchte der Zoodirektor wissen, wie weit die Bearbeitung des Fördermittelantrags und das dazugehörige Konzept vorangeschritten sind. Nachdem er erfährt, dass mit der Bearbeitung noch nicht einmal begonnen worden ist, ist er von dem ansonsten so selbstständig arbeitenden

Team enttäuscht. Auf seine Frage nach den Gründen für die ausbleibende Bearbeitung gibt es neben Achselzucken nur unbefriedigende Ausreden. Wie aus einem Munde muss sich der Zoodirektor von den Teammitgliedern anhören, dass sie doch die pflegerischen Aufgaben nicht vernachlässigen können, nur um diese bürokratische Aufgabe zu bearbeiten. Als der Zoodirektor den Zusammenhang zwischen Fördermittelantrag, bewilligten Fördermitteln und Sicherheit von Arbeitsplätzen und Einkommen der Mitarbeiter darstellt, herrscht betretenes Schweigen. Die Notwendigkeit der Fördermittelaufgabe können sie mehr oder weniger nachvollziehen. Aber keines der Teammitglieder kann sich auch nur annähernd für diese Aufgabe begeistern.

Nur, wem soll der Zoodirektor stattdessen diese Aufgabe übertragen? Die Mitarbeiter der Zooverwaltung können zwar gut mit Zahlen und Schriftverkehr umgehen, aber sie haben von den operativen Bedarfen keine Ahnung, und diese Bedarfe sind nun einmal die Grundlage für eine Budgetplanung. Auch für die Erstellung eines zoologischen Gesamtkonzepts haben die Verwaltungsmitarbeiter zu wenig Fachkompetenz. Genau aus diesem Grund hatte er das Team »Operative Zoologie« für diese Aufgabe für prädestiniert gehalten. Es muss also eine Lösung innerhalb des Teams geben, um die zoologische Kompetenz mit der täglichen Erfahrung zu verbinden und daraus ein Gesamtkonzept mit Budgetplanung zu erstellen.

Als vor zwei Jahren die neue Organisationsstruktur eingeführt worden war, hatte der damals beauftragte externe Berater empfohlen, diese Restrukturierung nur in Zusammenhang mit einer sogenannten Affinitäten-Analyse vorzunehmen. Damals war für Letztere weder Zeit noch Geld vorhanden, sodass es bei der Restrukturierung ohne Affinitäten-Analyse geblieben war. In der Hoffnung, dass der Berater von damals in der aktuellen Situation weiterhelfen könne, greift der Zoodirektor zum Telefon. Nachdem sich der Berater am anderen Ende der Leitung die Problemschilderung angehört hat, empfiehlt er, den »Baustein« nachzuholen, der vor zwei Jahren eingespart wurde, nämlich die Teamentwicklung mit dem Affinitäten-Modell.

Da die Beantragung von Fördermitteln und die damit einhergehenden Konzepterstellungen, Budgetplanungen und vieles mehr eine häufig wiederkehrende Aufgabe sein wird, beauftragt der Zoodirektor den externen Berater, schnellstmöglich eine Affinitäten-Teamanalyse durchzuführen. Gesagt, getan, und wenige Tage später sitzt das Team »Operative Zoologie« mit dem Berater zusammen in einem Schulungsraum, lernt das Affinitäten-Modell kennen und analysiert die Aufgaben des Teams und die Affinitäten der einzelnen Teammitglieder. Auch die neuen Aufgabenpakete für die Fördermittelbeantragung werden analysiert. Aufgrund der vom Team empfundenen Diskrepanz zwischen den »üblichen« Aufgaben und den neu hinzugekommenen »Fördermittel-Aufgaben« lässt der Berater zwei unterschiedliche Auswertungen anfertigen. Für die »üblichen« operativen Aufgaben im Zoo sieht die Affinitäten-Analyse folgendermaßen aus:

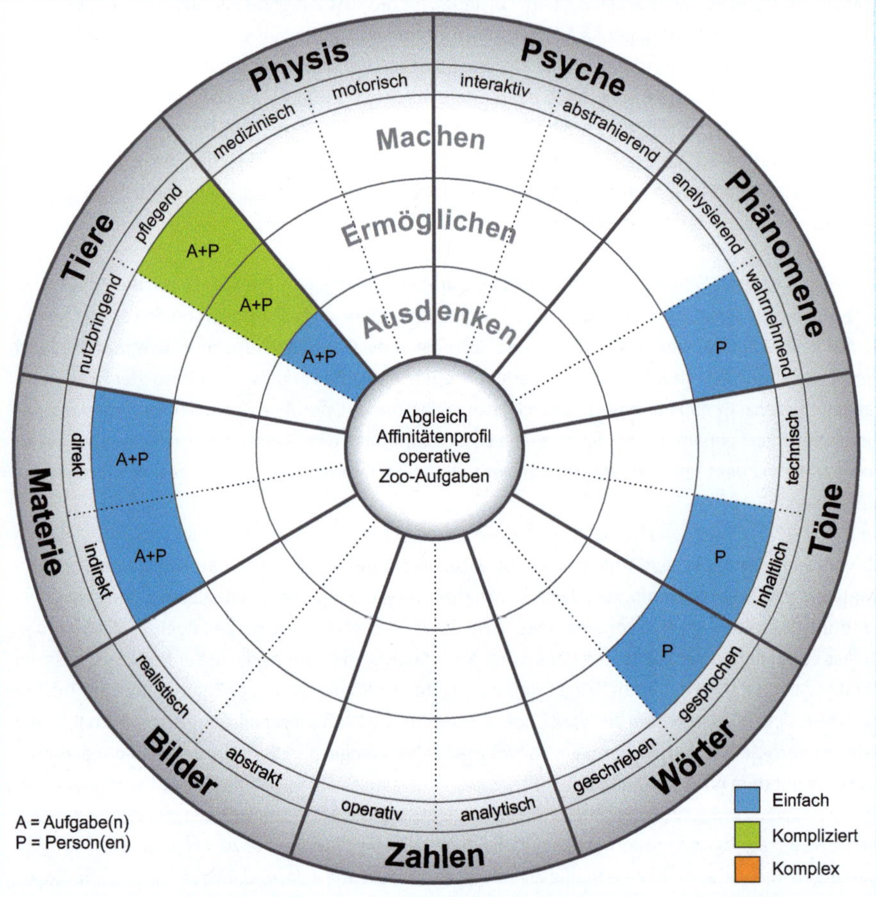

Abb. 16: Abgleich der erforderlichen und vorhandenen Affinitäten für die operativen Zoo-Aufgaben

Die Affinitäten-Analyse zeigt, dass die Mitarbeiter mit ihren Affinitäten hervorragend zu ihren Aufgaben passen. Die Tierliebe kommt sehr gut in der Themen-Affinität zu *Tieren pflegend* zum Ausdruck. Die Bandbreite in diesem Tätigkeitsfeld reicht vom Ausdenken der Fütterungspläne (Arbeitsphasen-Affinität *Ausdenken*) über das Anlernen von Azubis (Arbeitsphasen-Affinität *Ermöglichen*) bis hin zur handfesten Arbeit mit den Tieren (Arbeitsphasen-Affinität *Machen*). Für die Gestaltung der Gehege und den Umgang mit dem dafür erforderlichen Werkzeug ist die Affinität zu *Materie direkt* und *indirekt* passend. Hierbei geht es um die praktische Umsetzung, sodass sich diese Themen-Affinität auf die Arbeitsphasen-Affinität *Machen* beschränkt. Das Ergebnis dieser Analyse können die Teammitglieder sehr gut nachvollziehen. Sie freuen sich, dass sie mit ihren Affinitäten offensichtlich am richtigen Platz eingesetzt sind. Die zweite Affinitäten-Auswertung zeigt, wie gut die »Fördermittel-Aufgaben« zu den Team-Affinitäten passen.

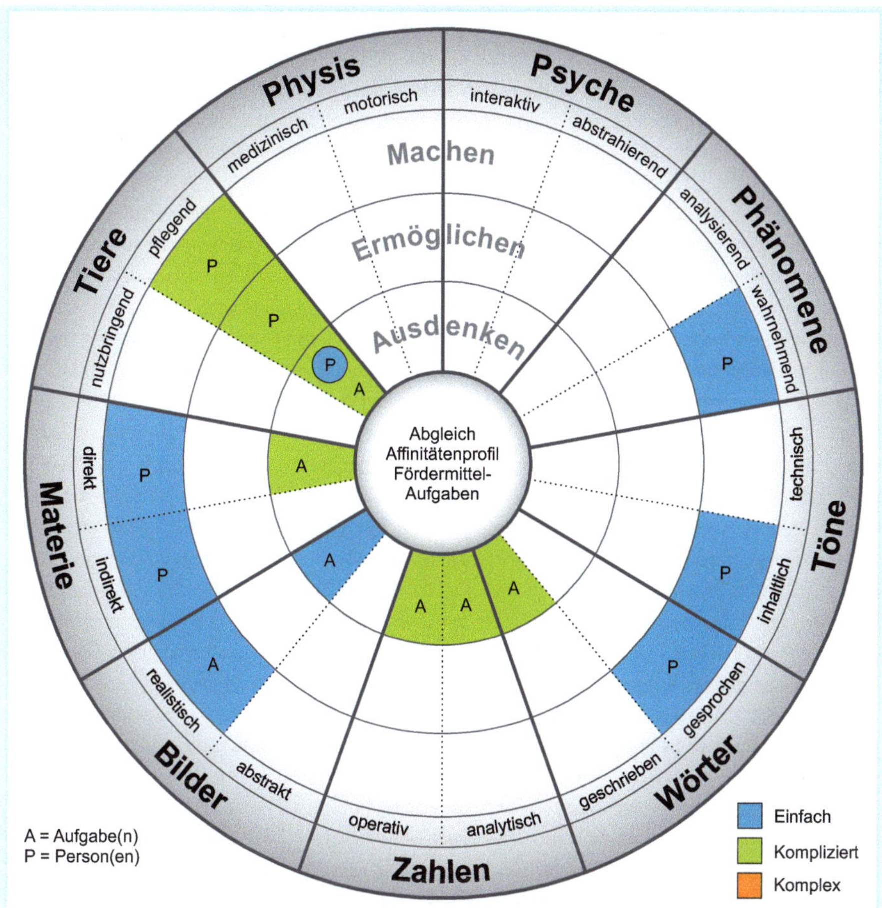

Abb. 17: Abgleich der erforderlichen und vorhandenen Affinitäten für die Fördermittel-Aufgaben

Für die Budgetplanung ist die *Zahlen-Affinität* erforderlich, sowohl für die Planung der konkreten Geldbeträge (*operativ*) als auch für die Planung der Förderquoten (*analytisch*). Die konzeptionelle Ausarbeitung in Form von textlichen Beschreibungen findet sich in der Affinität zu *geschriebenen Wörtern* wieder. Das gilt auch für das Durcharbeiten der Förderrichtlinien und das Ausfüllen der umfangreichen Formulare des Fördermittelantrags. Für die Planung der Gehege und Anlagen ist die Affinität zu *direkter Materie* von Vorteil. In dem Zusammenhang sind zur Fördermittelbeantragung Skizzen und einfache technische Zeichnungen erforderlich, die ausgedacht und angefertigt werden müssen. Die Affinität zu *realistischen Bildern* ist bei diesen Tätigkeiten besonders relevant. Und da die Tiere im Mittelpunkt stehen, sollte auch die diesbezügliche Affinität nicht fehlen, wobei sich die konzeptionelle Tätigkeit auf die Arbeitsphase *Ausdenken* konzentriert.

Als bei der Präsentation dieser Auswertung allen bewusst wird, dass die »Fördermittel-Aufgaben« Affinitäten erfordern, die im Team gar nicht vorhanden sind, reichen die Reaktionen der Teammitglieder von bestätigendem Kopfnicken bis zu ängstlichen Fragen, ob sie denn noch die richtigen für diesen Job seien. Während sich der Zoodirektor die Ergebnisse anschaut, wird ihm klar, dass er vor zwei Jahren mit der »Einsparung« der Affinitäten-Teamanalyse am falschen Ende gespart hatte und ist nun froh, diesen fehlenden Baustein nachgeholt zu haben. Einerseits macht ihn das Ergebnis nachdenklich, weil es nun schwarz auf weiß verdeutlicht, dass die Fördermittel-Aufgabe nicht zu den Team-Affinitäten passt. Andererseits ist der Zoodirektor auch erleichtert zu sehen, dass nicht plötzlich die Motivation des Teams generell nachgelassen hat, sondern dass die fehlende Bearbeitung einen analytisch nachvollziehbaren Grund hat. Die für ihn wichtige Frage lautet nunmehr umso klarer und dringlicher: »Wem kann ich die Fördermittel-Aufgabe übertragen?«

Nachdem die Analyse klar und die Notwendigkeit der Fördermittel-Aufgabe von allen verstanden ist, überlegen der Zoodirektor, die Teammitglieder und der externe Berater gemeinsam, wen man zusätzlich in das Team integrieren könnte, um dieses neue Aufgabenpaket zu bearbeiten und dabei eine enge Verbindung zwischen operativer Erfahrung und wirtschaftlichen Gesamtkonzepten zu gewährleisten. Verschiedene Personen aus den anderen Teams des Zoos werden besprochen. Dabei mutmaßen die Teammitglieder über mögliche Affinitäten dieser Personen, wobei sie sich auf Erfahrungen in der bisherigen Zusammenarbeit, auf Äußerungen dieser Kollegen und auf deren Freizeitverhalten beziehen. Plötzlich fällt der Name eines technischen Mitarbeiters, zu dem die Teammitglieder nur eine oberflächliche Beziehung haben. Denn dieser technische Mitarbeiter behauptet zwar immer, dass ihm die Tiere am Herzen lägen, aber er ist so gut wie nie bei den Tieren zu sehen. »Das ist doch der, der sich nicht die Hände schmutzig machen will«, kommentiert ein Teammitglied. »Was sind denn genau seine Aufgaben?«, will der externe Berater wissen. Daraufhin wird ihm eine Person beschrieben, die eher im Hintergrund arbeitet, häufig am Fenster des Büros steht und dabei den Blick über den gesamten Zoo schweifen lässt, dann wieder zurück an den Schreibtisch geht, etwas auf ein Blatt skizziert, mit dem Taschenrechner hantiert und dann in Erscheinung tritt, wenn es darum geht, Aufgaben zu verteilen. Allerdings ist es meistens der Zoodirektor, der das, was sich dieser Kollege ausgedacht hat, als Auftrag weitergibt.

Nachdem der Affinitäten-Berater aufmerksam zugehört hat, sagt er: »Von dem, was ist höre, scheint der beschriebene technische Mitarbeiter genau die Person zu sein, die Ihnen im Team fehlt.« Und dann erläutert er, warum die beschriebenen Eigenschaften wahrscheinlich ein Hinweis auf genau die gesuchten Affinitäten sind. Diese Logik erscheint allen sehr überzeugend, auch wenn keiner im Team von sich aus jemals auf den Gedanken gekommen wäre, dass dieser technische Mitarbeiter in ihr Team passen könnte. Dass gerade die Fähigkeit, sich einen Überblick zu verschaffen, ohne sich dabei die Hände schmutzig zu machen, wichtig sein würde, um das Gesamtkonzept des Zoos zu planen und voranzubringen, scheint den Teammitgliedern inzwischen zwar logisch zu sein, aber gefühlsmäßig müssen sie sich erst einmal an diesen Gedanken gewöhnen.

Ein paar Wochen später ist die neue Teamkonstellation in die Tat umgesetzt. Die Zusammenarbeit ist noch etwas ungewohnt, aber die »alten Hasen« sind erstaunt, mit welcher Detailtiefe ihr neuer Kollege jede relevante Information erfragt, sich in die Details und großen Zusammenhänge hineindenkt. Dabei lässt er vor ihrem inneren Auge und später auch anhand von Präsentationen ein Gesamtbild des zukünftigen Zoo-Konzepts entstehen. Der Zoodirektor ist über diese Personalentscheidung sichtlich erleichtert, und schon bald ist der Fördermittelantrag mit allen zugehörigen Unterlagen fertiggestellt.

3.6 Arbeiten 4.0, Digitalisierung, New Work

Ob man nun die Begriffe »Arbeiten 4.0«, »Industrie 4.0« und »New Work« mag oder als Modewörter verachtet, sie stehen doch zusammenfassend für eine enorme Veränderung in der Arbeitswelt. Nachdem Industrialisierung und Massenproduktion die Arbeitswelt und Arbeitsweise zu ihrer Zeit auf den Kopf gestellt haben, ist die aktuelle und sich weiter ausdehnende Revolution des Arbeitslebens durch Digitalisierung, Vernetzung, das Internet der Dinge, künstliche Intelligenz und vieles mehr geprägt. Auch wenn die diesbezüglichen Entwicklungen derzeit wohl noch niemand so richtig beschreiben kann und die Auswirkungen mehr erahnt als geschlussfolgert werden können, steht doch eines fest: Die unaufhaltsamen Veränderungen der Arbeitswelt werden Unternehmer, Führungskräfte, Personalentscheider und Arbeitskräfte vor bisher nicht gekannte Herausforderungen stellen. Durch die Digitalisierung von Arbeitsprozessen werden zwar Arbeitsplätze wegfallen, dafür aber neue Arbeitsplätze entstehen, denn irgendjemand muss sich ja die Konzepte für die digitalisierten und vernetzten Arbeitsprozesse *ausdenken.*

Jemand muss sich die Konzepte für die digitalisierten und vernetzten Arbeitsprozesse ausdenken.

Außerdem braucht es auch Menschen, die das Ausgedachte in die Praxis umsetzen. Es wird eine Phase des Ausprobierens geben, sowohl in Bezug auf die digitale Technisierung als auch hinsichtlich der Auswahl und Kompetenzentwicklung der Menschen, die diese Revolution vorantreiben und in und mit ihr arbeiten sollen.

Nun gibt es dabei immer mindestens zwei Ansätze. Erstens Trial and Error, also Ausprobieren und aus Fehlern lernen. Oder – zweitens – man wählt eine smartere Methode und überlegt sich, welche Ursache-Wirkungsbeziehungen auch oder gerade beim Arbeiten 4.0 gelten, welche Grundprinzipien nach wie vor gültig sein werden, wie die Komplexität der neuen Anforderungen an die arbeitenden Menschen auf handhabbare Fakten reduziert werden kann. Glaubt man den Prognosen der Zukunftsforscher, werden wohl Arbeiten 4.0 und Industrie 4.0 früher oder später in nahezu allen Branchen Einzug halten. Damit werden sich auch die Fragestellungen des Wandels ähneln: »Welche Fähigkeiten brauchen meine Mitarbeiter für das Arbeiten 4.0[28]? Habe ich überhaupt die richtigen Mitarbeiter an Bord? Wenn nicht, wen muss ich an Bord holen? Wen von meinen Produktionsmitarbeitern kann ich für Industrie 4.0 qualifizieren? Ist es eine Frage des Wollens oder des Könnens? Welche Führungskräfte brauche ich, um mein Unternehmen für das Arbeiten 4.0 aufzustellen? Bin ich selbst bereit für die Digitalisierung – oder habe ich zumindest das Potenzial dazu? Inwiefern können bisherige Kompetenzen auf die neuen Anforderungen übertragen werden?«

Wenn es stimmt, dass das Affinitäten-Modell ein generisches Modell ist, mit dem auf einem für Modelle üblichen Abstraktionsgrad nahezu alle themen- und fachspezifischen Arbeitsfelder dargestellt werden können, dann sollte das Affinitäten-Modell doch auch Antworten auf die genannten Fragen zu Arbeiten 4.0 geben können. Kann es auch. Der Grund dafür ist ganz

28 Vgl. o. V.: Beitrag in: Zeitschrift Personalführung (Herausgeber: Deutsche Gesellschaft für Personalführung e. V.) 10/2018, S. 9. In der dort erwähnten Kooperationsstudie über die digitalen Kompetenzen von Personalentwicklern heißt es: »54 Prozent [der befragten Unternehmen] haben keine klaren Vorstellungen dazu, welche Kompetenzen im Zuge der fortschreitenden Digitalisierung benötigt werden.«

einfach: Arbeitswelten und Arbeitsweisen können sich ändern, revolutioniert und auf den Kopf gestellt werden und vieles mehr. Aber was sich nicht ändern wird, sind die menschlichen Grundprinzipien, die (neuro-) biologischen, physischen und psychischen Funktionen und Rahmenbedingungen.

Arbeitswelten und Arbeitsweisen können sich ändern.
Was sich nicht ändern wird, sind menschliche Grundprinzipien.

Was heißt das? Man kann sich zwar vieles wünschen, was Menschen können sollten, um mit der Digitalisierung quasi zu verschmelzen. Aber solange noch keine USB-Schnittstelle oder eine andere technische Verbindung zwischen menschlichem Gehirn und Computer erfunden ist, werden Menschen Informationen über die bisher bekannten Sinneswahrnehmungen austauschen und nicht digital funktionieren. Doch um solche technischen Lösungen zu entwickeln, braucht es Menschen, die die Affinitäten und Kompetenzen besitzen, so etwas Realität werden zu lassen. Solange es Menschen gibt, von deren Leistung der Erfolg abhängt, gilt die bereits beschriebene Reihenfolge: Affinität – Kompetenzentwicklung – Leistung – Erfolg.

Was sind denn nun die Affinitäten, die für das Arbeiten 4.0 relevant sind? Um diese Frage zu beantworten, muss die logische Reihenfolge in umgekehrter Richtung betrachtet werden. Die Frage lautet also: Was ist *Erfolg* beim Arbeiten 4.0? Und dann: Woran wird *Leistung* beim Arbeiten 4.0 konkret gemessen werden? Die Antworten auf diese Fragen können derzeit wahrscheinlich nur gemutmaßt werden. Zunächst einmal muss unterschieden werden zwischen denen, die sich Rahmenbedingungen, Infrastruktur und Technologien für das Arbeiten 4.0 *ausdenken*. Dann wird es Menschen geben, die das Ausgedachte, die Konzepte, Theorien, Methoden aus der Gedankenwelt in die Realität führen und die Arbeit damit *ermöglichen*. Darüber hinaus wird es selbst bei einem Höchstmaß an Automatisierung und Robotik immer Menschen geben – wenngleich auch weniger als bisher –, die die Digitalisierung praktisch umsetzen müssen, die mit der vernetzten Welt arbeiten werden, die all das operativ *machen*, was mit und durch das Arbeiten 4.0 möglich und erforderlich sein wird. Insofern werden auch beim Arbeiten 4.0 alle drei Arbeitsphasen-Affinitäten – *Ausdenken, Ermöglichen, Machen* – gebraucht werden.

Auch beim Arbeiten 4.0 werden alle drei Arbeitsphasen-Affinitäten gebraucht werden.

Für die Einschätzung der Anforderungen an die *Komplexitäts-Affinitäten* ist der beim Arbeiten 4.0 häufig verwendete Begriff »vernetzte Arbeitsprozesse« entscheidend. Wie in der Beschreibung der *Komplexitäts-Affinitäten* erläutert, sind Mehrfachbeziehungen zwischen Elementen und Informationen ein Kennzeichen für Komplexität. »Vernetzte Arbeitsprozesse« haben oftmals derartige Mehrfachbeziehungen. Wenn auch beispielsweise ein Arbeitsprozess aus wenigen Schritten besteht, bringt doch die Digitalisierung eines einfachen Arbeitsprozesses Mehrfachbeziehungen mit sich, weil mindestens zwei Prozesse parallel laufen: der praktische, operative, meistens sichtbare Arbeitsprozess einerseits und der digitale, mit den Arbeitsschritten verknüpfte Prozess andererseits. Für den Endanwender, den Bearbeiter solcher

Arbeitsprozesse kann die Digitalisierung und Vernetzung durchaus die Komplexität reduzieren, indem digitale Systeme das Messen oder Bereitstellen von Bauteilen übernehmen und sich der Bearbeiter auf wenige praktische Arbeitsschritte konzentrieren kann. Für denjenigen, der sich solche digitalen, vernetzten Systeme ausdenkt, steigt die Komplexität an. Denn wenn früher nur mechanische Produktionsschritte miteinander verbunden und aufeinander abgestimmt wurden, müssen jetzt beim Arbeiten 4.0 oder bei Industrie 4.0 immer die digitale Parallelwelt und das Gesamtsystem mitgedacht und mitentwickelt werden. Solange jedoch der Mensch und seine Lebensräume als Materie existieren, wird die digitale Welt die materielle zwar ergänzen, aber nicht ersetzen können.

Solange reale Menschen und Lebensräume existieren, wird die digitale Welt die materielle nicht ersetzen können.

Das Bestreben, Arbeitsabläufe des privaten und beruflichen Lebens durch Digitalisierung und Vernetzung zu unterstützen und zu vereinfachen, erfordert mindestens *komplizierte*, oftmals aber *komplexe* Systeme. Für das Affinitäten-Modell bedeutet das: Das Arbeiten 4.0 wird bestimmte operative Tätigkeiten erleichtern, vereinfachen (*Komplexitätsgrad einfach* in der *Arbeitsphase Machen*). Gleichzeitig stellt es aber sehr hohe Ansprüche an diejenigen, die sich die digitalen und vernetzten Unterstützungssysteme ausdenken sollen (*Komplexitätsgrad kompliziert* bis *komplex* in der *Arbeitsphase Ausdenken*). Um die bisher analogen oder wenig digitalisierten Arbeitsprozesse in das Arbeiten 4.0 zu überführen, wird die *Arbeitsphase Ermöglichen* einen immer höheren Stellenwert einnehmen.

Die Arbeitsphase Ermöglichen wird beim Arbeiten 4.0 einen immer höherenStellenwert einnehmen.

Denn auf dem Weg zur Digitalisierung und Vernetzung wird vieles vorgedacht und »übersetzt« werden müssen. Das »Übersetzen« wird hier nicht zwischen zwei normalen Sprachen geschehen, sondern zwischen der operativen und der digitalen Sprache, zwischen gelebter Sprache und Programmiersprache.

Wer schon einmal von IT-Spezialisten eine Lösung für ein Problem der täglichen Arbeit haben wollte, wird sicherlich nachvollziehen können, wie wichtig die Arbeitsphase *Ermöglichen* ist, damit am Ende die digitale Lösung tatsächlich das kann, was sie aus Anwendersicht leisten soll. Auch auf die Themen-Affinitäten wird das Arbeiten 4.0 Auswirkungen haben. Wenn die Digitalisierung und Vernetzung wirklich alle Lebens- und Arbeitsbereiche umfassen soll, dann werden auch alle Themen-Affinitäten nach wie vor gebraucht werden. Allerdings wird die digitale Parallelwelt jeweilige Zusatzaffinitäten bzw. bestimmte Affinitäten-Kombinationen erfordern. Im Idealfall wird der Anwender gar nicht unterscheiden können, ob er Daten mit einem Bleistift oder einem digital vernetzen Stift eingibt.

Anders wird es bei der Umstellung von haptischen, anfassbaren Schaltern auf visuell ausgerichtete Interfaces sein. Letzteres wird die Themen-Affinität *Bilder* erfordern. Die *Bilder-Affinität* wird auch für die Arbeitsphase *Ermöglichen* zunehmend wichtiger werden, weil ein Bild bekanntlich mehr sagt als tausend Worte.

Die Bilder-Affinität wird für die Arbeitsphase Ermöglichen zunehmend wichtiger werden.

Die erforderlichen Abstimmungen zwischen *Ausdenken* und *Machen* können weder in der Menge noch in der Komplexitätsreduktion allein mit *Wörtern* und *Zahlen* dargestellt und verständlich gemacht werden. Auch die Themen-Affinität *Materie indirekt* wird an Bedeutung gewinnen, wenn Roboter und andere Geräte bei Tätigkeiten zum Einsatz kommen, die früher »per Hand« ausgeführt wurden.

Damit ergibt sich folgende Schlussfolgerung: Auch wenn das Arbeiten 4.0 von vielen Experten als eine der größten oder sogar die größte Revolution in der Arbeitswelt betrachtet wird, können mit demselben Affinitäten-Modell sowohl die konventionellen als auch die digitalisierten und vernetzten Tätigkeitsfelder analysiert und dargestellt werden. Einzelne (Fach-) Kompetenzen werden sich völlig ändern, einige verschwinden, andere hinzukommen. Viele Berufsbilder wird es nicht mehr geben, dafür werden neue erfunden werden. Das, was nach wie vor Gültigkeit hat, sind die Affinitäten. Damit wird das Affinitäten-Modell ein sehr wichtiges Instrument sein, um bei der Entwicklung hin zum Arbeiten 4.0 Arbeitnehmer und Arbeitgeber zu begleiten und zu unterstützen, Menschen und Tätigkeitsfelder passend zueinander zu bringen – und das vor, während und nach der Revolution von Arbeiten 4.0.

Praxisbeispiel

Eine Handvoll erfahrener Marketing-Experten beschloss, das Ruder selbst in die Hand zu nehmen, dem Angestelltendasein Lebewohl zu sagen und ein eigenes Unternehmen zu gründen. Die fünf Marketing-Experten stammten aus unterschiedlichen Unternehmen und hatten sich über soziale Netzwerke kennengelernt. Nach etlichen konspirativen Treffen war dann der Gedanke geboren, ein eigenes Marketingunternehmen zu gründen. Ihre Branchenerfahrung war mehr als weitreichend, die Marketingexpertise mit jahrelanger Berufserfahrung erworben. Motiviert und engagiert waren sie. Sie waren idealistisch. Auf keinen Fall wollten sie ihr neues Unternehmen so führen, wie sie es von ihren bisherigen Arbeitgebern kannten. Modern sollte ihr neues Unternehmen sein, agil, neue Arbeitsformen nicht nur propagieren, sondern auch leben, vorleben, ein für andere nachzuahmendes Vorbild. Flache Hierarchien sollten von Anfang an zum Grundprinzip erhoben werden – was bei fünf Personen erst einmal auch nicht allzu schwierig sein sollte. Ihr neues Unternehmen sollte der Prototyp für das Arbeiten 4.0 werden. Um das alles in kürzester Zeit auf die Beine zu stellen, hatten sie jede vielversprechende Schulung zu den relevanten Arbeiten-4.0-Themen absolviert: Scrum, Design Thinking, Kanban, Rapid Prototyping, Agiles Arbeiten, New Work, Virtual Reality, selbststeuernde Teams und viele andere mehr.

Dann kam der Tag, an dem die fünf Visionäre die smart eingerichtete neue Bürolandschaft ihres Start-up-Unternehmens bezogen und mit der Arbeit begannen. Sie fingen unverzüglich an, ihre Visionen aufzuschreiben. Mission Statements füllten Flipcharts, und die ersten Marketingkonzepte nahmen Gestalt an – zumindest im Kopf jedes Einzelnen. Aufgrund ihrer Kundenkontakte aus ihren Herkunftsunternehmen kam auch schon bald der erste Auftrag zustande. Es war ein riesiger Erfolg für dieses junge Team. Ein erster Entwurf einer Marketing-Kampagne für diesen Kunden war auch in kürzester Zeit skizziert. Aber nun ging es an die Umsetzung. Irgendjemand musste diesen Entwurf ausarbeiten, konkret werden lassen, eine in den Details ausgefeilte Kundenpräsentation erstellen. Nur wer sollte das jetzt machen? Fragende Gesichter schauten sich gegenseitig an. In ihren Herkunftsunternehmen hatten sie mehrere Mitarbeiter gehabt, die ihre Ideen umgesetzt hatten.

Da sich niemand von ihnen für diese in ihren Augen »niedere« Tätigkeit begeistern konnte, beschlossen sie, in den sauren Personalkostenapfel zu beißen und jemanden einzustellen. Eine Studentin war auch schnell gefunden. Mit Begeisterung, in einem agil arbeitenden Start-up-Unternehmen von Anfang an dabei sein zu können, stürzte sie sich gleich in die Arbeit. Nur, wie wollten die fünf Visionäre denn die Kundenpräsentation aufbereitet haben? Na, so wie immer, dachte sich jeder und erinnerte sich daran, dass es in allen Herkunftsunternehmen Standard-Layouts und Standard-Prozesse für solche Ausarbeitungen gab. Aber das alles hatten sie ja hinter sich gelassen, hinter sich lassen wollen. Insofern bekam die Studentin nur vage Antworten und schließlich die Ansage: »Machen *Sie* einen Vorschlag.« Den machte sie auch und stellte ihn den fünf Visionären vor. Es kam, wie es kommen musste: So richtig gefiel diese Ausarbeitung niemandem. Jeder der fünf Visionäre hatte etwas auszusetzen, aber jeder etwas anderes. Irgendwie hatte die Studentin auch einiges missverstanden, und Elemente, die bei etablierten Marketing-Unternehmen Standard sind, fehlten völlig. Dieses Basiswissen hatten sie jedoch unbewusst vorausgesetzt, denn die Studentin hatte ja Marketing studiert ...

Also noch mal zurück auf Start. Mit den Rückmeldungen der fünf Visionäre hätte die Studentin doch nun ein sinnvolles Ergebnis zustande bringen sollen. Auf die Frage nach klaren Vorgaben bekam sie nur die Antwort, dass man so etwas in einem agilen Unternehmen nicht bräuchte, weil man ja sonst nicht mehr agil sei. »Standards sind etwas für Spießer.« Na gut, Spießer wollte sie nicht sein, sondern auch agil. So machte sie sich erneut ans Werk. Die nächste Zwischenpräsentation ihrer Arbeitsergebnisse lief zwar anders ab als die erste, aber nicht besser. »Was und wie wollt Ihr die Unterlagen denn aufbereitet haben? Werdet Euch doch erst einmal selbst einig und sagt mir dann, was ich wie machen soll«, sprudelte es aus ihr heraus, als sie ihrem Unmut über unklare Vorgaben freien Lauf ließ. Auch wenn diese Unmutsäußerung emotional spannungsreich war, war sie besonders inhaltlich eine Herausforderung.

Die fünf Visionäre hatten zwar – jeder für sich – ein ungefähres Bild im Kopf, wie die Kundenpräsentation in etwa aussehen sollte. Sie schafften es jedoch nicht, ihr Gedankenbild so zu formulieren, dass für die Studentin klar wurde, was genau die Anforderungen an ihre Arbeit waren. Und sobald einer der fünf Visionäre ein paar konkrete Vorstellungen formuliert hatte, wurden diese von den anderen vier förmlich in der Luft zerrissen, ohne aber zu einem besseren Vorschlag zu kommen. So langsam wurde aus dem ursprünglichen Agil-Wunsch eine Aggressiv-Realität. Die Studentin hatte nichts zu tun, und die Kundenpräsentation war immer noch inhaltslos. Das wollte natürlich niemand. Sie ärgerten sich auch darüber, dass sie trotz ihrer guten und visionären Ideen nicht vorankamen – weder mit der agilen Arbeitsweise noch mit der konkreten Arbeit an der Kundenpräsentation. So konnte es nicht weitergehen, darüber waren sich alle einig.

Nach intensivem Nachdenken über eine Lösung für die nicht funktionieren wollende Zusammenarbeit erinnerte sich plötzlich einer der fünf Visionäre an einen Arbeiten-4.0-Workshop, bei dem der Trainer in einer Nebenbemerkung auf das Affinitäten-Modell hingewiesen hatte. Dabei hatte er erläutert, dass dies ein sehr hilfreiches Instrument sei, um Einzelpersonen und Teams zu analysieren und zu befähigen, die Veränderung zu Arbeiten 4.0 annehmen, verinnerlichen und umsetzen zu können.

Mangels Alternativen beschlossen die fünf Visionäre, mit dem Affinitäten-Modell nach einer Lösung zu suchen. Im kurzfristig anberaumten Workshop analysierten sie dann samt Studentin mit Unterstützung eines externen Affinitätenberaters ihre Vorstellungen vom Arbeiten 4.0. Dabei wurde ihnen klar, dass es in ihrem Team durchaus unterschiedliche Ansichten vom Arbeiten 4.0 gab. Noch klarer wurde ihnen, dass das Arbeiten 4.0 nur dann gelingen kann, wenn von jemandem die Voraussetzungen geschaffen werden. Denn es geht nicht nur darum, agile Methoden wie Kanban, Scrum und Design Thinking aus einer Schulung zu kennen oder sogar selbst zu beherrschen, sondern diese Methoden müssen im eigenen Team erklärt, vorgelebt und gecoacht werden.

Nachdem sich das Team über die unterschiedlichen Ansichten und Erfahrungen der verschiedenen agilen Methoden und Philosophien zum Arbeiten 4.0 intensiv ausgetauscht hatte, bekamen sie langsam ein genaueres Bild davon, wie ihre Interpretation von Arbeiten 4.0 aussehen konnte.

Der externe Berater stellte ihnen dann das Affinitäten-Modell vor, um die Vielzahl der diskutierten Arbeitsweisen, Interessen und geäußerten Anforderungen an die Teammitglieder handhabbar zusammenzufassen. Gemeinsam gingen sie die einzelnen agilen Methoden durch und kristallisierten heraus, welche grundsätzlichen und speziellen Affinitäten erforderlich seien, um Arbeiten 4.0 zu ermöglichen.

Als sie im nächsten Schritt begannen, sich mit der agilen Projektmanagementmethode Scrum zu befassen, fanden sie schnell die Zusammenhänge zum Affinitäten-Modell:

Die operativ tätigen Teammitglieder benötigen eine hohe Affinität zur Arbeitsphase *Machen*, um Resultate erzielen zu wollen und zu können. Wenn es dabei um kreative Ideenfindung geht, ist die Arbeitsphasen-Affinität *Ausdenken* gefragt. Um daraus eine agile Arbeitsweise werden zu lassen, braucht man einen sogenannten »Scrum-Master«, dessen Hauptaufgaben darin bestehen, die Arbeitsmethodik zu erklären, die Teammitglieder darin zu coachen, die Instrumente für den Gesamtprozess des Arbeitens zur Verfügung zu stellen, Teammeetings zu moderieren und dadurch die Arbeitsweise kontinuierlich zu verbessern. Alle diese Tätigkeiten werden nahezu ideal durch die Arbeitsphasen-Affinität *Ermöglichen* widergespiegelt. Da es nicht darum geht, neue agile Arbeitsmethoden zu erfinden, sondern von anderen bereits erfundene Arbeitsmethoden nutzbar zu machen, ist für die Methode an sich die Arbeitsphase *Ausdenken* nicht unbedingt erforderlich. Der Komplexitätsgrad für die Arbeitsmethodik »Scrum« ist maximal *kompliziert*. Denn »Scrum« ist an sich recht überschaubar und logisch, sodass der Erfolg maßgeblich von der konsequenten Umsetzung dieser agilen Arbeitsmethode abhängt. Bei den Themen-Affinitäten stellt die Arbeitsmethode deutliche Anforderungen an die Affinität *Wörter* und *Bilder*, weil die Kommunikation innerhalb von agilen Methoden vorrangig durch Wörter und Bilder – auch in Form von Grafiken und Übersichten – stattfindet.

Nachdem das Team diese Aspekte reflektiert und mit dem Affinitäten-Modell verglichen hatte, erstellten sie gemeinsam ein Affinitäten-Anforderungsprofil für einen Scrum-Master:

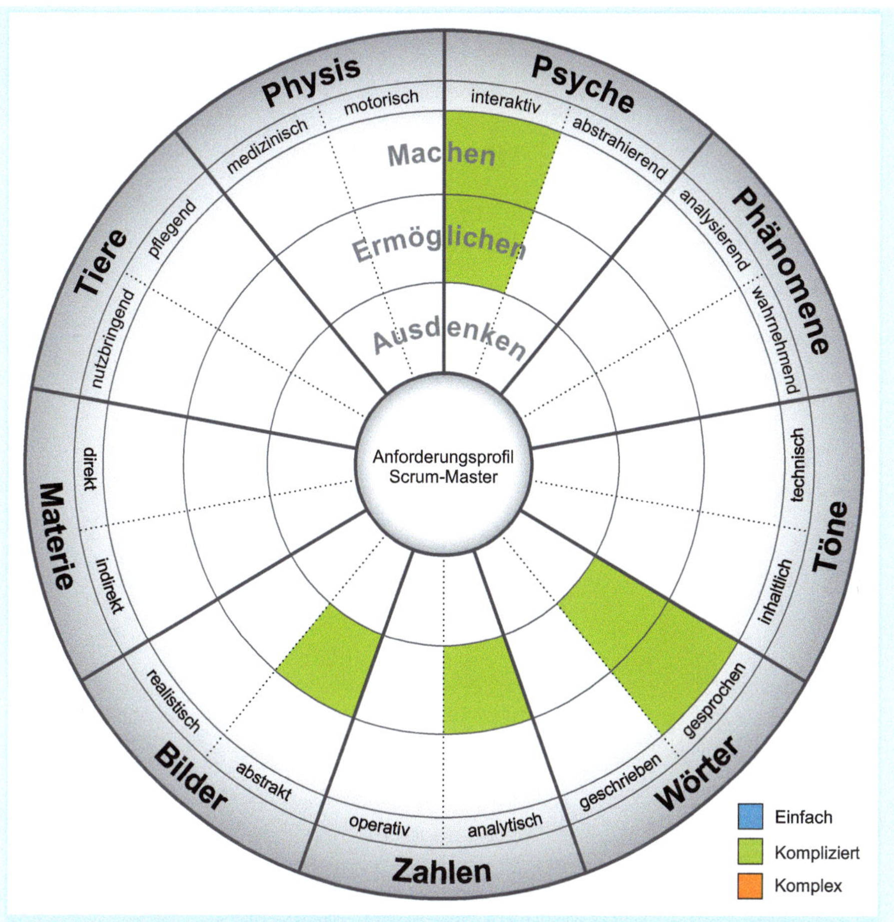

Abb. 18: Anforderungsprofil Scrum-Master

Danach entwickelten sie mithilfe des Beraters das Affinitäten-Anforderungsprofil für die operativ tätigen Teammitglieder (siehe Abb. 19).

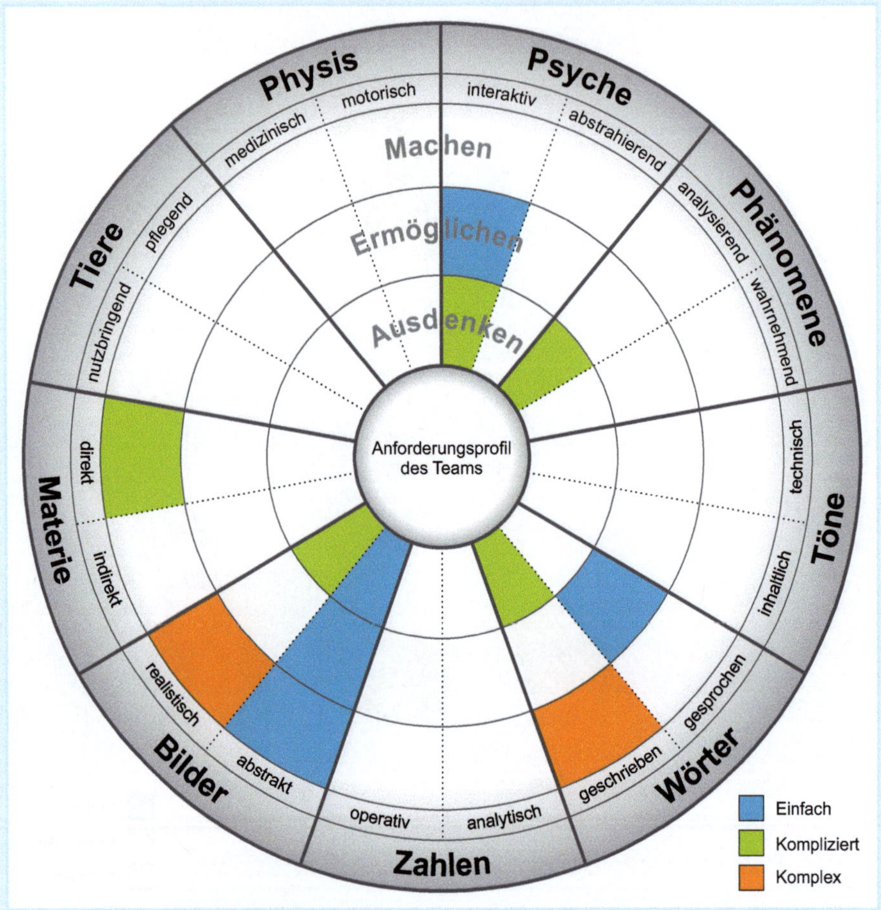

Abb. 19: Anforderungsprofil des operativ tätigen Scrum-Teams

Das Ergebnis dieses Anforderungsprofils flößte den Anwesenden eine große Portion Respekt ein. Neben den Tätigkeiten beim Erstellen von Werbetexten (*Wörter-Affinität*) und dazugehörigem Bildmaterial (*Bilder-Affinität*) müssen auch die Wirkung auf die menschliche Psyche (*Psyche-Affinität*) und deren Effekte auf Menschenmassen (*Phänomene-Affinität*) immer mitbedacht werden. Und auch das Rapid-Prototyping von Werbegegenständen wird ohne entsprechende *Materie-Affinität* kaum von Erfolg gekrönt sein.

Als sie dann vor den fertig erstellten Affinitäten-Anforderungsprofilen standen, brachte einer der fünf Visionäre das Ergebnis auf den Punkt:

»Dass wir gut sein müssen beim Texten, beim Raussuchen der richtigen Bilder und Videoclips für Werbekampagnen, war mir schon vorher klar. Auch, dass wir psychologische Prinzipien bei der Wirkung von Werbung beachten und zusätzlich berücksichtigen sollten, welche Phänomene Werbeslogans bei Menschenmassen auslösen können und sollen. Aber dass es jemanden oder mehrere Personen geben muss, die sich auf das *Ermöglichen* konzentrieren – das war mir bis jetzt überhaupt nicht bewusst. Ich dachte, dass wir doch alle die agilen Arbeitsmethoden einigermaßen kennen und diese Methoden quasi wie von selbst unser Start-up-Unternehmen agil machen.« »Keineswegs«, schaltete sich der Berater ein, »erst die Affinität zum *Ermöglichen* ebnet den Weg für die Umsetzung sowohl agiler als auch aller anderen Arbeitsmethoden, sofern man die Arbeitsweise nicht jedem Einzelnen selbst überlassen möchte. Dazu kommt, dass auch bei den operativ tätigen Teammitgliedern die Affinität zum *Ermöglichen* ausgeprägt sein sollte. Zwar nicht in dem Maß wie beim Scrum-Master oder anderen Methoden-Coaches, aber zumindest so, dass sie sich gegenseitig proaktiv die nächsten Arbeitsschritte ermöglichen und Übergänge von einem zum nächsten Arbeitsgang kontinuierlich verbessern.«

»Und wie ist das mit der Digitalisierung und anderen agilen Arbeitsmethoden außer Scrum?«, wollte die Studentin wissen. Diese Frage bot dem Berater eine willkommene Vorlage, um die anderen agilen Methoden und auch die Digitalisierung von Arbeitsprozessen hinsichtlich der erforderlichen Affinitäten zu diskutieren und zu analysieren. Nach einer Stunde analytischer Arbeit war ein Affinitätenprofil entstanden, das dem des Scrum-Masters stark ähnelte. Dieses Ergebnis rief bei den Workshopteilnehmern unterschiedliche Reaktionen hervor. Einer der fünf Visionäre äußerte sich sehr verwundert über diese Profil-Ähnlichkeit. Ein anderer schlussfolgerte blitzschnell: »Wenn wir Mitarbeiter mit diesem Affinitätenprofil an Bord holen, wären wir für das Arbeiten 4.0 sehr gut aufgestellt.« »Richtig!«, ergänzte der Berater. »Aber reine *Ermöglicher* haben weder die grandiosen Ideen für Werbekampagnen noch sind sie die besten Umsetzer. Der Erfolg hängt vielmehr von der richtigen Mischung ab!« »Na, mal sehen, ob wir schon die richtige Mischung sind?!«, warf ein anderer Visionär mutig ein.

Doch bevor sich das Team an die Analyse ihrer persönlichen Affinitätenprofile wagte, erläuterte der Berater, warum sich die Affinitätenprofile von Scrum-Master und den Anwendern anderer agiler Methoden so stark ähnelten. »In fast allen Fällen, wo es um methodisches, interaktives Arbeiten in einem interdisziplinären Team geht und die Methoden je nach Prozessschritt wechseln, wird kein Team ohne die Affinität *Ermöglichen* erfolgreich sein können. Schon gar nicht, wenn ein Team neu zusammengestellt wird. Dass das Ganze inzwischen den Titel »agil« bekommen hat, ist zwar vom Begriff her etwas Neues, von den Grundprinzipien her jedoch uralt. Und auch bei der Digitalisierung sind die *Ermöglicher* der Schlüssel zum Erfolg, indem sie als Übersetzer zwischen Kunde und Programmierer und auch zwischen den Teammitgliedern in den einzelnen Prozessphasen agieren. Ohne *Ermöglicher* kann der IT-Spezialist zwar einen genialen Algorithmus programmieren, aber aufgrund von Missverständnissen und fehlenden Abstimmungen ist die Wahrscheinlichkeit groß, dass er etwas programmiert, das nicht (ganz) die Kundenvorstellungen trifft. Bei den Themen-Affinitäten kann je nach Aufgabe die eine oder andere Themen-Affinität hinzukommen oder wegfallen. So braucht der Programmierer sicherlich eine *Zahlen-Affinität*, beim Rapid-Prototyping von Gegenständen ist die *Materie-Affinität* von Vorteil. Doch aufgrund der interdisziplinären Zusammenarbeit bei den meisten agilen Arbeitsmethoden wird die Affinität zum *Ermöglichen* der Schlüssel sein, um die agilen Methoden überhaupt erfolgreich einsetzen zu können.«

Nach dieser einleuchtenden Erläuterung arbeiteten alle ganz konzentriert an der Analyse der eigenen Affinitätenprofile, um zu sehen, wie gut diese Profile zu den Anforderungen der agilen Arbeitsmethoden passen würden. Da das Anforderungsprofil bereits bekannt war, war die Versuchung groß, das eigene Affinitätenprofil etwas in Richtung der passenden Affinitäten zu schönen. Das bemerkte der Affinitätenberater natürlich und wies mehrfach darauf hin, dass nur ehrliche Affinitätenprofile Sinn haben würden. »Denn früher oder später fällt eine solche ›Profil-Verschönerung‹ immer auf. Dann wird es erfahrungsgemäß peinlich.« Da das niemand wollte, erstellten die Workshopteilnehmer ihre Affinitätenprofile sehr ehrlich, auch wenn der eine oder andere ein etwas anderes Ergebnis erhofft hatte. Als alle Analysen fertig waren, stellten die Workshopteilnehmer ihre Profile gegenseitig vor. Sie staunten nicht schlecht, denn die Profile der fünf Visionäre ähnelten sich sehr stark.

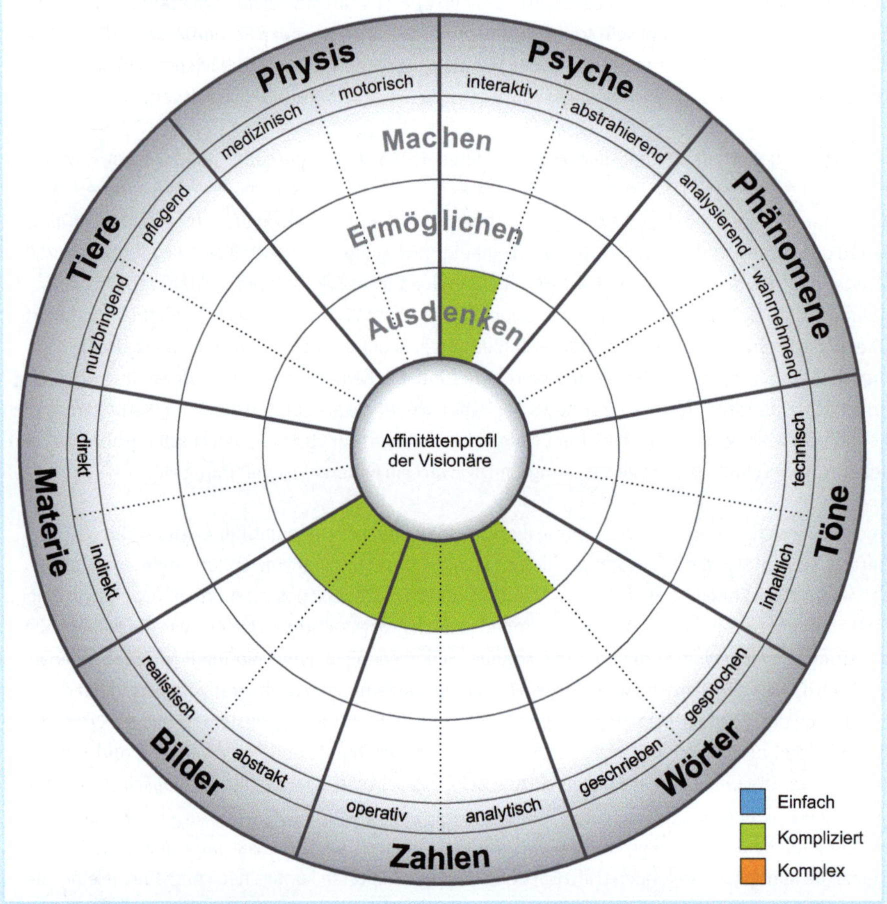

Abb. 20: Affinitätenprofil der Visionäre

Diese Ähnlichkeit ihrer Affinitätenprofile war sicherlich auch ein Grund gewesen, warum sie sich so gut verstanden hatten und auf die Idee gekommen waren, ein gemeinsames Unternehmen zu gründen. Das Profil der Studentin war eher auf die Umsetzung ausgerichtet. Sie interessierte sich sehr für Marketing, wobei ihr jedoch die Ideen fehlten. Sobald aber jemand eine Idee hatte und eine Richtung vorgab, ging sie mit hoher Motivation an die Umsetzung.

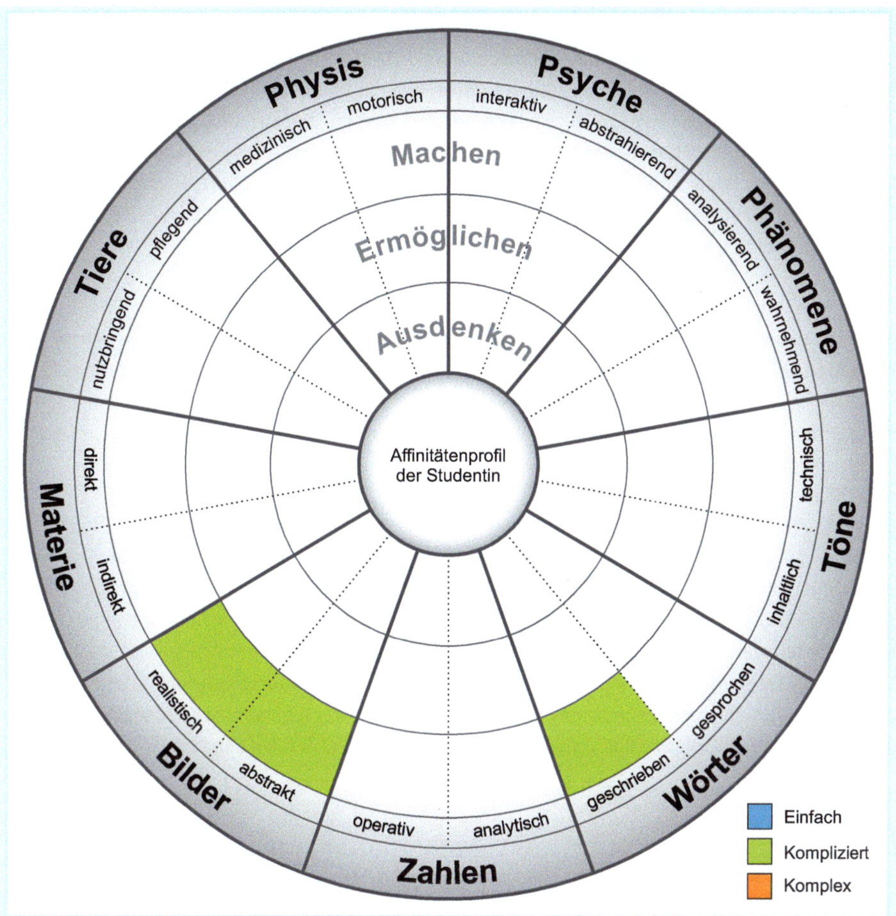

Abb. 21: Affinitätenprofil der Studentin

Nachdem sie ihre persönlichen Affinitätenprofile neben das Affinitäten-Anforderungsprofil für Arbeiten 4.0 mit agilen Methoden gelegt hatten, erkannten alle auch ohne Hilfe des Beraters, warum ihre bisherige Zusammenarbeit nicht erfolgreich gewesen war. Keiner der fünf Visionäre hatte die Affinität zum *Ermöglichen*, und auch die Studentin hatte sie nicht.

»Im Affinitäten-Modell sieht das alles sehr logisch und einleuchtend aus«, wandte einer der Visionäre ein. »Aber ich verstehe nicht, warum wir mit unseren Affinitätenprofilen bei unseren ehemaligen Arbeitgebern so erfolgreich waren und jetzt solche Schwierigkeiten haben.« »Auch das ist sehr logisch«, erklärte der Berater. »Es gibt drei Aspekte bei der Arbeitsweise, die in Ihren Herkunftsunternehmen anders gelagert waren als in Ihrem neuen Start-up: Erstens mussten Sie früher nicht mit agilen Methoden arbeiten. Zweitens gab es in Ihren früheren Unternehmen klar definierte Standards und Prozesse, beispielsweise für die Erstellung von Kundenpräsentationen. Und drittens hatten Sie ein Team, das über die Jahre zusammengewachsen und dadurch aufeinander eingespielt war. Somit konnte die bei Ihnen nicht vorhandene Affinität zum *Ermöglichen* kompensiert werden. Und wer weiß, vielleicht hatten Sie ja in Ihren Teams Mitarbeiter mit der *Ermöglichen-Affinität*, ohne dass Sie das bewusst wahrgenommen haben.« »Stimmt«, antwortet einer der Visionäre. »Meine Frau Meier war so eine *Ermöglicherin*, die die anderen unterstützt und dafür gesorgt hat, dass die Informationen verständlich fließen und auch so ankommen konnten, wie sie gedacht waren.«

Nach einigen weiteren Verständnisfragen und der Reflexion der neuen Start-up-Situation im Unterschied zu den Herkunftsunternehmen konnten nun alle Beteiligten gut nachvollziehen, welche Affinitäten für das Arbeiten 4.0 erforderlich sein würden und warum sich die Zusammenarbeit bisher so schwierig gestaltet hatte. Als logische Konsequenz beschlossen sie, jemanden einzustellen, der die *Ermöglichen-Affinität* haben würde, um die Verbindung zwischen den visionären Konzepten und der Umsetzung herzustellen.

Einige Wochen später saß ein neuer *Ermöglicher* im Loft-Büro des Start-ups. Er stellte den Visionären ungewohnt viele Fragen, dokumentierte nicht nur Überschriften von Aufträgen, sondern auch die genauen Vorstellungen zur Umsetzung. Er visualisierte Arbeitsabläufe und erstellte Standards zum Arbeiten – nicht klassisch, sondern sehr agil in dem Sinn, dass Arbeitsabläufe auch schnell und unbürokratisch geändert werden konnten, wenn es eine bessere Vorgehensweise gab. Er moderierte Meetings, übersetzte Gesagtes in Gemeintes derselben Sprache. Langsam entspannte sich die Büroatmosphäre, die Arbeit wurde effektiver und machte Spaß. Kurze Zeit später war die ersehnte Kundenpräsentation in einer Weise erstellt, die alle fünf Visionäre überzeugte – und den Kunden begeisterte.

3.7 Agiles Potenzial- und Kompetenzmanagement

Dass dieses Anwendungsfeld erst an dieser Stelle des Buches beschrieben wird, obwohl es Bestandteil des Buchtitels ist, hat mindestens zwei Gründe. Erstens greift es inhaltlich alle bisher beschriebenen Anwendungsfelder direkt oder indirekt auf. Und zweitens lässt es sich am besten nachvollziehen, nachdem die anderen Anwendungsfelder behandelt wurden.

Für ein gemeinsames Verständnis soll eine Begriffsklärung vorangestellt werden. Was bedeutet eigentlich agiles Kompetenzmanagement?

3.7.1 Die Begriffe

Im Rahmen des Kompetenzmanagements wird der Begriff »Kompetenz« im beruflichen Kontext heutzutage weitestgehend als bewusst oder unbewusst abrufbare Fähigkeit zum Erbringen einer erwünschten Leistung verstanden. Diese Fähigkeit setzt sich aus unterschiedlich großen Anteilen von Wissen, Können und Erfahrung zusammen. Dabei kann es sich sowohl um *fachspezifische* als auch um *überfachliche* Kompetenzen handeln. *Fachspezifisch* sind Kompetenzen dann, wenn sie (nur) *einem* konkreten Fachgebiet zugeordnet werden können wie beispielsweise das Bedienen bestimmter Maschinen oder die Anwendung von Fachwissen bei medizinischen Untersuchungen. *Überfachliche* Kompetenzen sind Fähigkeiten, die in *unterschiedlichen* Fachgebieten und unabhängig von einem bestimmten Fachgebiet zum Einsatz kommen können. Beispiele hierfür sind Konfliktlösefähigkeit oder Prozessoptimierung.

Mit dem Begriff »Kompetenzmanagement« wird das Beschreiben, Definieren, Strukturieren, Analysieren und Koordinieren von Kompetenzen einschließlich der mit der Kompetenzentwicklung verbundenen Maßnahmen und Wirksamkeitsüberprüfungen bezeichnet. Je nach Größe und Reifegrad des Unternehmens kommen nur Teilaspekte zur Anwendung, oder aber es werden je nach spezifischen Anforderungen weitere Bausteine hinzugefügt.

Der Begriff »Potenzialmanagement« beschreibt analog dazu den Umgang mit den Optionen, Kompetenzen entwickeln zu können. Während Kompetenzen als vorhandene Fähigkeit vergleichsweise gut zu diagnostizieren sind, erfordert die Identifikation von Potenzialen umfangreicheres personaldiagnostisches Know-how, denn hierbei stehen die verborgenen Fähigkeiten im Fokus. Indem das Affinitäten-Modell mit seinen Affinitätenprofilen je nach Anwendungsfall sowohl für Potenziale als auch für Kompetenzen eingesetzt werden kann, bietet es die Grundlage, um flexibel auf die jeweiligen Einsatzbereiche reagieren zu können. Wenn Kompetenzmanagement in Verbindung mit Affinitäten aufgebaut wird, ist automatisch der Bezug zu den Potenzialen der Mitarbeiter enthalten.

Kompetenzmanagement sollte eigentlich in allen Unternehmen Kernbestandteil sein, weil es maßgeblichen Einfluss auf die erfolgreiche Umsetzung der Unternehmensstrategie hat. In der Praxis findet es jedoch vor allem in größeren Unternehmen Anwendung, um sich einen Überblick über alle Kompetenzen, also über alle im Unternehmen befindlichen Fähigkeiten zu verschaffen, Kompetenzen je nach Bedarf umverteilen zu können oder – beispielsweise durch Schulungen – zu entwickeln.

Eine typische Frage aus der Unternehmenspraxis lautet: »Wie viele Mitarbeiter gibt es im Unternehmen, die die Kompetenz ABC auf dem Kompetenzniveau XY haben?« Aus der Antwort auf diese Frage kann unter anderem die strategische Ausrichtung oder der Schulungsbedarf abgeleitet werden. In vielen Branchen wird durch die Qualitätsnormen und die Anforderungen der Kunden ein Kompetenzmanagement vorgeschrieben. Denn wer dauerhaft gleichbleibend gute Produktqualität liefern will, muss dafür sorgen, dass in allen Produktionsstätten die gleichen Kompetenzen in der erforderlichen Anzahl vorhanden sind.

Wer gleichbleibend gute Produktqualität liefern will, muss für die erforderlichen Kompetenzen sorgen.

Allein das stellt viele Unternehmen vor sehr große Herausforderungen beim Kompetenzmanagement. Gerade bei den fachspezifischen Kompetenzen kann je nach Aufgliederung in Einzel- und Unterkompetenzen die Anzahl der zu managenden Kompetenzen in den drei- bis vierstelligen Bereich gehen. Kompetenzmanager mit hoher Detailorientierung neigen dazu, durch Ausdifferenzierung die Anzahl aller Einzelkompetenzen noch weiter zu steigern.

An dieser Stelle kommt der Begriff »agil« ins Spiel, weil bei einer derart großen Anzahl von Einzelkompetenzen das Management kaum »agil« im Sinn von »flexibel, beweglich« sein kann. Hochgeschwindigkeits-Datenbanken erlauben zwar schnelle Zugriffe und rasante Datenverarbeitung, doch sie können nur das verarbeiten und auswerten, was jemand zuvor eingegeben hat.

Ob ein Kompetenzmanagement *agil* ist, zeigt sich daran, inwiefern bei veränderten Kompetenzanforderungen schnelle Antworten und Prognosen über zukünftige Kompetenzentwicklungen gegeben werden können. *Agil* ist ein Kompetenzmanagement nur dann, wenn es auf geänderte Leistungs- oder Produktionsanforderungen flexibel und schnell reagieren kann.

Wenn bei geänderten Anforderungen des Unternehmens die gesamte Kompetenzstruktur neu erarbeitet werden muss, ist das Kompetenzmanagement eben nicht agil. Sehr deutlich wird dies an der Praxisfrage: »Haben wir die richtigen Mitarbeiter, um unsere Produktion von analoger Bearbeitung auf Industrie 4.0 umzustellen?«

Agil ist ein Kompetenzmanagement nur dann, wenn es auf geänderte Produktionsanforderungen flexibel und schnell reagieren kann.

Viele Unternehmen haben gar keine Datenbasis, um diese und ähnliche Fragen beantworten zu können. Die Antwort auf diese Frage wird dann in der Praxis aus Kapazitätsgründen oft gar nicht gegeben, oder es werden Industrie-4.0-Kompetenzen beschrieben und dann per Umfrage oder Einschätzung der aktuelle Stand der Fähigkeiten ermittelt. Indem ein so ermittelter Kompetenzstand in der Regel nur den Status quo abbildet, ist er für eine Prognose zur Kompetenzentwicklung unbrauchbar.

3.7.2 Die Reduzierung auf das Wesentliche

Anhand der Beschreibung der drei Einzelbegriffe – *Kompetenzen, Kompetenzmanagement* und *agil* – kann agiles Kompetenzmanagement als ein System verstanden werden, das neben der Analyse, Beschreibung und Koordination des Status quo der Kompetenzen auch in der Lage ist, nicht nur flexibel auf Veränderungen zu *re*-agieren, sondern proaktiv Auswirkungen antizipierter Veränderungen zu prognostizieren und zu steuern.

Agiles Kompetenzmanagement kann Auswirkungen antizipierter Veränderungen proaktiv prognostizieren und steuern.

Diesen Wunsch teilen viele Praktiker und Wissenschaftler schon deshalb, weil die Veränderungen in Wirtschaft und Industrie eine solche Flexibilität schlichtweg erfordern. Die bisherigen Versuche, derartige Kompetenzmodelle zu entwickeln, gestalten sich schwierig bis aussichtslos, insbesondere bei den fachspezifischen Kompetenzen.

Bei den überfachlichen Kompetenzen gibt es mehrere Ansätze mit dem Ziel, die Gesamtzahl der möglichen Kompetenzen auf ein überschaubares Maß zu reduzieren. Als Richtwert werden meistens acht bis maximal zwanzig überfachliche Kompetenzen genannt[29]. Dieser Ansatz bemüht sich richtigerweise, die überfachlichen Kompetenzen auf das Wesentliche zu reduzieren. Allerdings zeigen viele Praxisbeispiele, dass weder bei den Wissenschaftlern noch bei den Praktikern Einigkeit darüber besteht, was denn das Wesentliche bei den überfachlichen Kompetenzen sei. Aus diesem Grunde gibt es immer wieder Bemühungen, die Liste der überfachlichen Kompetenzen zu standardisieren.

Für die *überfachlichen* Kompetenzen können diese reduzierten Kompetenzlisten eine große Hilfe sein, um Potenzialträger für den Managementnachwuchs zu identifizieren oder die generelle Ausrichtung der überfachlichen Kompetenzen in einem Unternehmen zu beschreiben.

Für das Management von *fachspezifischen* Kompetenzen und Fähigkeiten in thematisch-inhaltlichen Tätigkeitsfeldern eignen sich diese Modelle jedoch nicht – nicht zur Beschreibung des Status quo und erst recht nicht für agiles Kompetenzmanagement.

Vergleicht man in der Anwendungspraxis von Unternehmen die Anzahl der fachspezifischen Kompetenzen mit der Anzahl der überfachlichen Kompetenzen, zeigt sich in nahezu allen Fällen, dass es im Vergleich zu den überfachlichen Kompetenzen deutlich mehr fachspezifische Kompetenzen gibt, teilweise sogar ein Vielfaches. Insofern kann auch mit den bisher guten Ansätzen zur Eingrenzung der Kompetenzanzahl das Gros der (fachspezifischen) Kompetenzen nicht gemanagt werden. Die Praxisfrage, ob denn die vorhandenen Kompetenzen der Mitarbeiter für eine Neuausrichtung auf Industrie 4.0 geeignet sind, kann damit ebenfalls nicht beantwortet werden.

3.7.3 Die Verbindung von Affinitäten und Kompetenzen

Wie also kann eine Lösung für agiles Potenzial- und Kompetenzmanagement aussehen? Mit dem Titel dieses Buches ist bereits angekündigt, dass Affinitätenprofile hierfür einen Ansatz bieten. Der Grund dafür ist sehr logisch: Es braucht ein Modell, das fach- und themenspezifische Inhalte analysiert und diagnostiziert, um eine Zuordnung zu fachspezifischen Kompetenzen zu

29 Vgl. beispielsweise die Nennung von maximal 12 Kompetenzen in Stricker u. a.: Qualität in der Kompetenzmodellierung, in: ZeE-Publikationen, Reihe Empirische Evaluationsmethoden, Band 21, Workshop 2016, Herausgegeben vom Zentrum für empirische Evaluationsmethoden e. V., Berlin 2017.

ermöglichen. Da Persönlichkeitsmodelle per se nicht auf fach- und themenspezifische Inhalte ausgerichtet sind, werden sie auch keine Lösung für das fachspezifische Kompetenzmanagement darstellen können.

Um zu verstehen, wie Kompetenzmanagement mithilfe des Affinitäten-Modells funktioniert, sei noch einmal auf den Zusammenhang von Kompetenz und Affinität hingewiesen:

Während Kompetenz als bewusst oder unbewusst abrufbare Fähigkeit zum Erbringen einer erwünschten Leistung verstanden wird, ist Affinität die persönliche, motivierende Beziehung, Neigung und das Angezogensein eines Menschen von fachlich-thematischen Aufgabenfeldern und Arbeitsweisen. Somit stellt eine Affinität die Motivation und das Fähigkeitspotenzial für eine ihr entsprechende Kompetenz dar. Oder noch kürzer ausgedrückt: Die Kompetenz ist eine Fähigkeit, deren Entwicklung und motivierender Einsatz nur mit der entsprechenden Affinität gelingen.

Entwicklung und motivierender Einsatz von Kompetenzen gelingen nur mit der entsprechenden Affinität.

Natürlich kann unter bestimmten Bedingungen Kompetenzentwicklung auch gegen oder ohne eine entsprechende Affinität stattfinden, oder – treffender ausgedrückt – erzwungen werden. Welche Auswirkungen Zwang bei der Entwicklung von Kompetenzen hat, dürfte hinlänglich bekannt sein. Abgesehen von den negativen psychischen Auswirkungen erfordert es einen hohen Einsatz von den Führungskräften, die den Druck auf die Mitarbeiter aufrechterhalten müssen, um sie zur Ausübung ihrer nicht affinen Kompetenzen zu zwingen.

Geht man stattdessen von der natürlichen Verbindung zwischen Kompetenz und Affinität aus, ergibt sich eine entspannte Systematik wie von selbst: Ein Mensch besitzt ein bestimmtes Affinitätenprofil. Gibt man diesem Menschen Rahmenbedingungen und Möglichkeiten, die zu seinen Affinitäten passenden Kompetenzen zu entwickeln, geschieht die Kompetenzentwicklung mit Motivation, Geschwindigkeit und Erfolg. Das Gleiche gilt für den Einsatz der erlangten Kompetenzen, weil die zugrunde liegende Affinität der betreffenden Person Ansporn, Wert, Sinn, Energie und Freude an der Ausübung hervorbringt.

Affinitätenorientiertes Kompetenzmanagement folgt damit der natürlichen Entwicklung und Ausübung von Kompetenzen. Kompetenzmanagement ohne Affinitätenbezug erfordert dagegen viel Energie und ist Glück, wenn es zufällig passt, und ein Krampf, wenn es nicht passt.

Affinitätenorientiertes Kompetenzmanagement folgt der natürlichen Entwicklung und Ausübung von Kompetenzen.

Die logische Schlussfolgerung ist demzufolge, das Kompetenzmanagement analog zu den Affinitäten aufzubauen. Dabei besteht die Kunst darin, die aus der Komplexität reduzierten wenigen Affinitäten mit der in der Praxis oft erforderlichen Ausdifferenzierung von Kompetenzen zu verbinden. Indem Kompetenzen immer mindestens eine entsprechende Affinität oder eine Kombination mehrerer Affinitäten erfordern, kann bei dieser strukturierten Ausdifferenzierung der Übergang zwischen Affinität und Kompetenz fließend sein. Um die Verbindung einer (abstrakten) Affinität zu einer detaillierten Kompetenz zu finden, hilft es, die Affinität in mehreren Stufen so weit zu untergliedern und auszudifferenzieren, bis die Ebene der gewünschten Kompetenz erreicht ist. Bildlich ausgedrückt wird die Grafik des Affinitäten-Modells einfach um so viele konzentrische Kreise nach außen hin erweitert, wie es der gewünschte Detaillierungsgrad der zugehörigen Einzelkompetenzen erfordert.

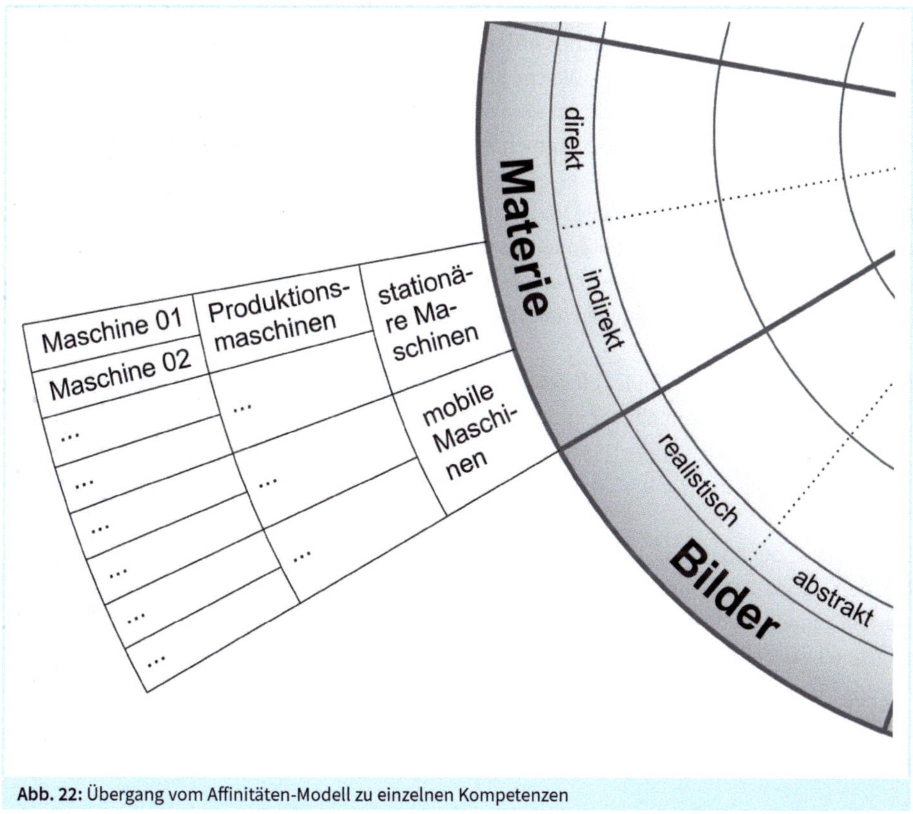

Abb. 22: Übergang vom Affinitäten-Modell zu einzelnen Kompetenzen

Als positiver Nebeneffekt führt diese Ableitung aus dem Affinitäten-Modell zu trennscharfer Fokussierung der Kompetenzen.

Die Ableitung aus dem Affinitäten-Modell führt zu trennscharfer Fokussierung der Kompetenzen.

In der Praxis anzutreffende unklare Kompetenzen wie »flexibler Springer in unterschiedlichen Bereichen« oder »unternehmerisches Handeln« werden somit als unklare Zusammenfassung verschiedener Kompetenzen identifiziert. Bei der Definition und Zuordnung der Kompetenzen geht es immer um die Frage: »Was ist der Kern dieser Kompetenz?« Erst wenn die Kompetenzen mit ihren Unter- und Einzelkompetenzen in den unterschiedlichen Detaillierungsgraden den jeweiligen Affinitäten klar zugeordnet werden können, entsteht ein klares Bild als Grundlage für das Kompetenzmanagement.

3.7.4 Das Baukasten-Prinzip

Durch die Möglichkeit der Zuordnung von Kompetenzen zu entsprechenden Affinitäten ergibt sich eine logische Struktur, die in beide Richtungen funktioniert. Aus Sicht der Kompetenz lautet die Zuordnungsfrage: »Auf welchen Affinitäten basiert diese Kompetenz?« Aus Sicht der Affinität lautet die Zuordnungsfrage: »Welche Kompetenzen können mit dieser Affinität entwickelt werden?« Dabei kann eine Kompetenz eine oder mehrere Affinitäten erfordern. Aber auch eine Affinität kann Grundlage für eine oder mehrere unterschiedliche Kompetenzen sein.

Insofern erinnert diese strukturelle Verbindung an diverse Spielzeugbaukästen, bei denen mit demselben Satz von Bauelementen unterschiedliche Modelle zusammengebaut werden können. Bei diesem Vergleich entsprechen die Affinitäten den einzelnen Bauelementen bzw. Bausteinen, die Kompetenzen dagegen den Modellen, die daraus gebaut werden können.

Dieses Baukasten-Prinzip bildet einerseits die Grundlage für sauber strukturierte Kompetenzmodelle, andererseits ermöglicht es erst das agile Management von Kompetenzen.

Erst das Baukasten-Prinzip ermöglicht es, Kompetenzen agil managen zu können.

Denn so, wie bei Spielzeug-Baukästen verschiedene Modelle und innovative Eigenkreationen mit demselben Satz Bausteine zusammengebaut und auch wieder auseinandergenommen werden können, können Kompetenzen aus den Affinitäten ebenfalls je nach Bedarf individuell abgeleitet werden.

3.7.5 Agilität durch Affinitäten-Verankerung

Welchen Nutzen hat nun das agile Baukasten-Prinzip? Durch die Verankerung der Kompetenzen in den Affinitäten können viele Anwendungsfälle mit verhältnismäßig geringem Aufwand gelöst werden. Das betrifft einerseits Potenzialaussagen über die vorhandenen Mitarbeiter und Bewerber. Andererseits sind Kompetenzprognosen und strategische Kompetenzentscheidungen aus der Logik heraus einfacher möglich, beispielsweise für die Neuausrichtung der

Produkt- und Leistungspalette eines Unternehmens. Auch bei der Nachwuchsgewinnung von Fachkräften gibt es oft Unsicherheit über die Anforderungsprofile, weil zum Zeitpunkt der strategischen Entscheidung nicht klar ist, welche Kompetenzen in einigen Jahren benötigt werden.

Für das schon mehrfach herangezogene Praxisbeispiel der Frage nach dem Mitarbeiterpotenzial für die Umstellung auf Industrie 4.0 ergibt sich ein großer Unterschied zwischen der Herangehensweise *mit* und *ohne* Affinitäten-Modell. Gesetzt den Fall, dass das betreffende Unternehmen ein fachspezifisches Kompetenzmodell hat, sind dort auf Tätigkeits-, Maschinen- oder Prozessebene im besten Fall die jeweiligen Einzelkompetenzen der Mitarbeiter aufgelistet. Das betrifft aber nur die *aktuell* relevanten Kompetenzen. Somit wird selbst bei den detailliertesten Kompetenzmodellen nur der *aktuelle* Stand mit Blick auf die geforderten Kompetenzen abgebildet. Potenzialaussagen, Kompetenzprognosen oder strategische Kompetenzentscheidungen sind damit nicht möglich.

Werden stattdessen die erfassten Kompetenzen den entsprechenden Affinitäten zugeordnet, gibt dies Auskunft über die Grundbausteine, aus denen die Kompetenzen bestehen.

Werden die Kompetenzen den Affinitäten zugeordnet, gibt dies Auskunft über die Grundbausteine für die Kompetenzen.

Indem Kompetenzen konkreten Personen zugeordnet sind, zeigt sich logischerweise eine klare Zuordnung zwischen Personen, Affinitäten und Kompetenzen. Um die Frage nach dem vorhandenen Mitarbeiterpotenzial für neue Kompetenzen zu beantworten, brauchen nur noch die Affinitäten für die neue Kompetenz identifiziert zu werden. Indem das daraus resultierende Affinitäten-Anforderungsprofil mit den Affinitätenprofilen der Mitarbeiter verglichen wird, können schnell Aussagen über das vorhandene Potenzial zum Entwickeln neuer Kompetenzen getroffen werden.

Im Bild des Baukastens ausgedrückt, heißt das: Wenn ich ein neues Modell – beispielsweise ein Rennauto – bauen möchte, muss ich nicht zwangsläufig nach Baukästen Ausschau halten, auf deren Verpackung ähnliche Rennauto-Modelle abgebildet sind. Stattdessen überlege ich, welche einzelnen Bauelemente ich benötige, um das geplante Rennauto-Modell zu bauen, denn oftmals befinden sich in der bisherigen Bausteine-Sammlung bereits alle erforderlichen Bauelemente. Nur, weil ich bisher aus der Bausteine-Sammlung lediglich Häuser, Schiffe und Baustellenfahrzeuge gebaut habe, heißt das nicht, dass aus den einzelnen Bauelementen kein Rennauto gebaut werden kann.

In ähnlicher Weise werden in Unternehmen nicht selten Bestandsmitarbeiter durch neue ersetzt, nur weil die Überschrift einer Qualifikation oder einer Stelle zum bisherigen Mitarbeiter nicht zu passen scheint. Wer sich jedoch die Mühe macht, statt der Stellentitel und

Qualifikationsüberschriften auf die Affinitäten zu schauen, wird oft – nicht immer – feststellen, dass die gewünschten Affinitäten bereits im »Mitarbeiter-Baukasten« vorhanden sind.

Wer statt auf Stellentitel auf Affinitäten schaut, wird schneller die passenden Mitarbeiter finden.

Es müssen dann lediglich die Affinitäten so zusammengebaut werden – das heißt Menschen, Aufgaben und Teams richtig zusammenzustellen –, dass das gewünschte Gesamtbild entsteht.

Für das affinitätenbasierte Kompetenzmanagement gibt es zwei plus x Varianten. Die zwei Varianten sind erstens die durchstrukturierte und zweitens die reduzierte. »Plus x« ist die Menge aller Varianten, die zwischen diesen zwei Varianten möglich sind.

Bei der durchstrukturierten Variante wird das Affinitäten-Modell durch zusätzliche konzentrische Kreise in mehr oder weniger vielen Schritten weiter untergliedert und ausdifferenziert, bis man auf die Ebene der Einzelkompetenzen gelangt. Je nach Anzahl und Detaillierungsgrad der Kompetenzen kann das sehr aufwendig sein. Es hat aber den Vorteil, Analysen und Prognosen auf unterschiedlich abstrakten und konkreten Betrachtungsebenen durchführen zu können.

Bei der reduzierten Variante werden nur die Einzelkompetenzen den Affinitäten des Grundmodells zugeordnet. Das ist weniger aufwendig in der Strukturierung, erfordert aber Erfahrung in der Anwendung des Affinitäten-Modells. Außerdem können keine Auswertungen auf den Unter- und Zwischenebenen vorgenommen werden.

Je nachdem, auf welchem Abstraktionslevel Auswertungen, Analysen und Prognosen dargestellt werden sollen, können der Detaillierungsgrad und die Informationstiefe entsprechend angepasst werden.

Die Agilität eines solchen Systems wird durch eine feste Basisstruktur in Form des Affinitäten-Modells und eine bewegliche, konkrete Ausgestaltung in Form der Einzelkompetenzen erreicht.

Die Agilität basiert auf einer festen Basisstruktur der Affinitäten und einer beweglichen Ausgestaltung der Kompetenzen.

Beispiele hierfür gibt uns die Natur in großer Varianz: Der Grashalm, der eine feste Wurzel hat, aber dessen Spitze sich agil im Wind bewegt. Das Grundsystem des Skeletts von Wirbeltieren, das einerseits Grundlage für viele Tierarten bildet und andererseits verschiedenartigste Bewegungsabläufe ermöglicht. Den wahrscheinlich naheliegendsten Vergleich bietet die organische Chemie mit der recht überschaubaren Anzahl der relevanten Atome und Moleküle, aus deren Zusammensetzung aber eine Vielzahl verschiedener organischer Stoffe und damit praxisrelevanter Endprodukte entstehen kann. Würde man die organische Chemie nur auf der Ebene der Endprodukte – im übertragenen Sinn also Einzelkompetenzen – betrachten, würde man den

Überblick verlieren. Erst durch die Identifikation der Einzelbausteine, Moleküle, Atome, ist das dahinterliegende System verständlich. So kann es erforscht werden, und praktischer Nutzen kann entstehen.

3.7.6 Einsatzfelder von agilem Kompetenzmanagement

Während die bisher genannten Einsatzfelder des Affinitäten-Modells hauptsächlich auf Einzelpersonen und Teams bezogen sind, stehen beim Kompetenzmanagement – unabhängig, ob mit oder ohne Bezug zum Affinitäten-Modell – die Kompetenzen an sich im Fokus.

Beim Kompetenzmanagement liegt der Fokus weniger auf Personen, sondern vor allem auf den Kompetenzen.

Dass Kompetenzen immer nur im Zusammenhang mit konkreten Personen vorkommen, ist selbstverständlich. Beim Kompetenzmanagement jedoch rücken die Kompetenzen in den Mittelpunkt, unabhängig davon, welche konkreten Personen diese Kompetenz besitzen. Das mag für manche Menschen abstrakt klingen. Jedoch ist dieser spezielle Blickwinkel für das Verständnis von Kompetenzmanagement grundlegend.

Wenn ein Unternehmen bestimmte Produkte oder Dienstleistungen verkaufen möchte, geht es zunächst darum, die erforderlichen Kompetenzen zu identifizieren. Beispielsweise werden in einem Restaurant wahrscheinlich Kompetenzen aus dem Bereich Kochen, Service und betriebswirtschaftliches Denken und Handeln im Vordergrund stehen. Diese Kompetenzen können noch weiter detailliert werden, je nachdem, ob es sich um einen Asia-Imbiss oder um ein Steakhouse handelt. Nur wenn die für das Produkt erforderlichen Kompetenzen vorhanden sind, kann überhaupt erst etwas Verkaufbares produziert werden. Fehlt eine relevante Kompetenz oder fällt diese plötzlich weg, kann nicht mehr produziert werden, auch wenn es zahlenmäßig ausreichend viele andere Mitarbeiter im Unternehmen gibt. Wenn also die Kompetenz »Kochen« wegfällt, können noch so viele Mitarbeiter mit der Kompetenz »Service und Bedienung« die fehlende Kompetenz nicht ersetzen. Das ist zwar logisch, wird in der Praxis aber oft verdrängt, weil es modern ist, dass der Mensch immer im Mittelpunkt stehen soll. Es werden vorrangig Köpfe statt Kompetenzen gezählt. Man kann mathematisch richtig zählen, doch wer das Falsche richtig zählt, erhält zwar ein mathematisch richtiges, aber inhaltlich unbrauchbares Ergebnis. Beim Kompetenzmanagement liegt der Fokus also weniger auf Personen, als vielmehr vor allem auf den Kompetenzen.

Was aber kann nun ein Kompetenzmanagement leisten? Zunächst einmal führt Kompetenzmanagement zu einer strukturierten Auflistung der Fähigkeiten, die ein Unternehmen oder eine Organisation – egal welcher Größe – benötigt, um die geplanten Leistungen erbringen zu können. Diese strukturierte Auflistung beantwortet die Frage »WAS, das heißt welche Fähigkeiten, brauche ich?« *Danach* kommt die Frage »WER besitzt diese Fähigkeiten?« Wenn ein

Kompetenzmanagement bis ins letzte Detail die geforderten Fähigkeiten beschreibt, wird die Anzahl der infrage kommenden Kompetenzträger umso geringer, je spezialisierter die Kompetenzbeschreibung ist. Gleichzeitig ist es nicht sinnvoll, die Fähigkeiten zu oberflächlich zu beschreiben, weil dann niemand weiß, worauf es bei den einzelnen Kompetenzen wirklich ankommt. Mit der bereits beschriebenen Kombination aus konkreter Kompetenzbeschreibung mit Affinitäten-Verankerung können die verschiedenen Fragestellungen beantwortet werden.

Bei der Suche nach immer schwieriger zu findenden Fachkräften kann je nach Marktlage nach spezialisierten Kompetenzen gesucht werden. Es ist jedoch auch möglich, das Suchprofil auf die Affinitäten zu reduzieren, um die Anzahl der infrage kommenden Personen zu erhöhen. Dabei ist klar, dass Affinitäten nicht unbedingt mit vollständig ausgebildeten Kompetenzen gleichzusetzen sind. Das *kann* der Fall sein, *muss* es aber nicht. Oftmals geht es aber gar nicht um komplett vorhandene Kompetenzen, sondern es ist wichtiger, jemanden zu finden, der neben dem Spaß an der betreffenden Tätigkeit auch das Kompetenzpotenzial dazu hat, das in überschaubarer Zeit entwickelt werden kann.

Diese Herangehensweise bringt möglicherweise kurzfristig noch nicht exzellente Leistungen. Aber gerade bei den sich inzwischen sehr schnell ändernden Märkten und Kundenanforderungen zahlt es sich in den meisten Fällen mittel- und langfristig aus, einen Mitarbeiter zu finden, der grundsätzliches Interesse für ein Themengebiet besitzt und sich in unterschiedliche Bereiche dieses Themengebietes (= Affinität) einarbeiten kann und will. Die Alternative wäre, einen hoch bezahlten Spezialisten an Bord zu holen, dessen Spezialisierung in einem Jahr möglicherweise nicht mehr gefragt ist. Insofern zeigt das affinitätenbasierte und damit agile Kompetenzmanagement vor allem bei Veränderungen seine Stärke: bei veränderten Kundenanforderungen, bei Veränderungen des Leistungsspektrums, bei sich ändernden Produkten, Herstellungsprozessen, bei strategischen Neuausrichtungen, Veränderungen von Arbeitsschritten und anderen Richtungswechseln.

Affinitätenbasiertes Kompetenzmanagement zeigt vor allem bei Veränderungen seine Stärke.

Die soeben beschriebene Affinitäten- und damit Potenzialperspektive lässt sich in verschiedenen Situationen anwenden. Unternehmen, die ihren Fachkräftebedarf über Auszubildende absichern wollen, können oft gar nicht absehen, wie sich die Unternehmenssituation zwischen Ausbildungsstart und dem zwei bis vier Jahre späteren Ausbildungsende verändert haben wird. Auf der Ebene der Detailkompetenzen mittelfristig den Fachkräftebedarf abzusichern, ergibt nur für den Sinn, der genau weiß, welche Detailkompetenzen in zwei bis vier Jahren benötigt werden. Aber wer weiß das schon? Insofern bietet die affinitätenorientierte Fachkräfteabsicherung auch hier deutlich bessere Möglichkeiten, agil auf Veränderungen reagieren zu können.

Ähnlich verhält es sich bei der Fachkräftegewinnung aus dem Ausland oder aus dem Bereich der Migranten. Auf der Ebene der Detailkompetenzen kommt man allein aufgrund fehlender oder nicht vergleichbarer Berufsabschlüsse, Qualifikationen und Zertifikate kaum weiter. Bei einem Soll-Ist-Vergleich sind in den seltensten Fällen Menschen zu finden, die genau auf das gesuchte Kompetenz- oder Qualifikationsprofil passen. Wer in diesem Suchumfeld jedoch auf Grundlage des Affinitäten-Modells Personal sucht, wird eine deutlich höhere Trefferquote erzielen, weil die Affinitäten unabhängig von Berufsabschlüssen, Zertifikaten, länder- und kulturspezifischen Besonderheiten funktionieren.

Gerade bei der Suche nach Fachkräften können durch das Affinitäten-Modell deutlich höhere Trefferquoten erzielt werden.

Natürlich gilt auch hier: Affinitäten ersetzen keine Spezialausbildung. Aber mit ihrer Hilfe lassen sich *die* Menschen identifizieren, die für die gewünschten Kompetenzen das höchste Potenzial besitzen und deren Aus- und Weiterbildung am vielversprechendsten ist.

Ein weiteres Einsatzfeld von agilem Kompetenzmanagement sind sogenannte Talentpools oder Nachwuchs-Förderprogramme, die viele Unternehmen installiert haben. In früheren Zeiten, in denen jeder genau wusste, welche (fachlichen) Kompetenzen das Unternehmen in zwei bis fünf Jahren benötigen würde – weil es schon immer so war – war klar, welche »Talente« gefördert werden mussten. Es war auch klar, nach welchen Kriterien diese Talente ausgewählt wurden und welche (fachlichen) Kompetenzen sie im Laufe der jeweiligen Förderprogramme erlernen mussten. Es war vorab definiert, welche Jobs diese geförderten Talente nach Ablauf der Fördermaßnahmen bekommen würden, denn es war klar, welche Kompetenzen für diese Zielpositionen erforderlich waren.

Unternehmen, bei denen dieser Weg von der Auswahl der Talente bis zur tatsächlichen Beförderung auch heute noch klar ist, brauchen an einer bewährten Vorgehensweise nichts zu ändern. Alle anderen Unternehmen könnten zumindest darüber nachdenken, ob es sinnvoll wäre, auch hier durch den Einsatz von Affinitätenprofilen die Förderung von Talenten agiler zu gestalten. Denn wenn ein Unternehmen die eigene Förderung von Talenten wie einen Baukasten aus unterschiedlichen Affinitäten aufbaut, können nach einigen Jahren bei Bedarf unterschiedliche Zielpositionen – an die jetzt vielleicht noch niemand denkt – aus den Affinitäten-Bausteinen zusammengebaut werden.

Förderung von Talenten mit dem Affinitäten-Modell ermöglicht bedarfsgerechte Besetzung unterschiedlicher Zielpositionen.

Wenn beispielsweise ein produzierendes Unternehmen aufgrund der aktuellen Perspektive nur nach Nachwuchsführungskräften für die Produktion (*Materie-Affinität*) Ausschau hält, könnte es sein, dass zwischenzeitlich neue Kompetenzen aus dem Bereich der Digitalisierung erforderlich sind, die ursprünglich gar nicht Auswahlkriterium des Talentpools waren.

Das naheliegendste Einsatzfeld von agilem Kompetenzmanagement ist die Beantwortung der Potenzialfrage bei Neuausrichtung, Umstellung der Produktion oder des Leistungsportfolios. Ob jemand, der beispielsweise aktuell ein hoch spezialisiertes Kompetenzportfolio im Bereich der Gussverfahren besitzt, das Potenzial für die Entwicklung von elektronischen Bauteilen hat, lässt sich mit herkömmlichem Kompetenzmanagement nicht beantworten. Ganz einfach deshalb, weil – wenn überhaupt – die Kompetenzbewertung dieses Mitarbeiters bisher immer nur anhand der Soll-Kompetenzen aus dem Bereich der Gussverfahren stattfand. Wenn aufgrund von Outsourcing oder Umstellung der Produktpalette diese Gussverfahren wegfallen oder durch Automatisierung wegrationalisiert werden, gibt es nur unschöne Optionen für den Mitarbeiter: Entweder er sucht sich ein neues Unternehmen, oder er bewirbt sich intern auf eine hoffentlich passende Stelle. Besser ist jedoch eine Option, bei der sein Affinitätenprofil bereits *vor* der Umstellung der Produktion ermittelt wurde und durch einen Affinitäten-Abgleich dieser wertvolle Know-how-Träger des Unternehmens eine für ihn passende neue Funktion übernehmen kann.

Als kostengünstiger Nebeneffekt sei zu erwähnen, dass die bei großen Veränderungen erforderlichen aufwendigen Potenzial- und Kompetenzanalysen gar nicht erst notwendig werden, wenn von Anfang an die Kompetenzen in Affinitäten verankert werden. Das spart Zeit, Geld und mildert die bei Veränderungen ohnehin verbreitete Hektik und Intransparenz.

Mit affinitätenbasiertem Kompetenzmanagement lassen sich gerade bei großen Veränderungen Zeit und Geld sparen.

Wie der Einsatz des Affinitäten-Modells bei Veränderungen praktisch aussehen kann, soll folgendes Beispiel für die Neuausrichtung eines Unternehmens auf Industrie 4.0 zeigen.

Praxisbeispiel

Ein junger Tischlermeister hatte die seit Generationen in Familienbesitz befindliche Tischlerei übernommen. In der Region konnte sich dieses kleine Familienunternehmen über die vielen Jahre hinweg einen guten Ruf erwerben. Qualität, Zuverlässigkeit und die persönliche Komponente waren die Grundpfeiler des bisherigen Fortschritts, die der kleinen Tischlerei zu Erfolg und Wohlstand verholfen hatten. Inzwischen war aus dem einstigen Ein-Mann-Betrieb ein mittelständisches Unternehmen geworden, das über die Region hinaus bekannt war. Das Leistungsspektrum reichte von der Anfertigung von Einzelstücken bis hin zu Kleinserien. Durch den guten Ruf und die Marktsituation wuchs das Unternehmen auf über 50 Mitarbeiter, die von ihrer Berufsausbildung mehrheitlich Tischler waren.

Eines Tages nahm der Eigentümer der Tischlerei an einer Unternehmerkonferenz der Region teil, in der von verschiedenen Experten die Themen Digitalisierung, Industrie 4.0 und deren Auswirkungen auf das produzierende Gewerbe erläutert wurden. Derartige Veranstaltungen häuften sich in den darauffolgenden Wochen, was den jungen Unternehmer zum Nachdenken brachte. Als seine Recherche ergab, dass sich bereits etliche Handwerksbetriebe mit diesem Thema befassten, beschloss er, auch seine Tischlerei auf Industrie 4.0 auszurichten. Schließlich wollte er das Familienunternehmen zukunftssicher aufstellen. Auf keinen Fall konnte er riskieren, dass aus falsch verstandener Traditionsverbundenheit ein wichtiger technologischer Entwicklungsschritt verpasst werden würde.

Um alles richtig zu machen, beauftragte er eine Beratungsfirma, die bei der Neuausrichtung der Tischlerei auf Industrie 4.0 helfen sollte. Die Beratungsfirma analysierte zunächst einmal die wesentlichen Wertschöpfungsprozesse und prüfte diese auf Möglichkeiten der Digitalisierung, Datenverarbeitung, Vernetzung und Automatisierung. Das Ergebnis war ernüchternd: Bis auf eine einfache CNC-gesteuerte Fräsmaschine lief die gesamte Tischlerei noch analog. Von Vernetzung und Digitalisierung war noch nicht einmal ein Ansatz zu erkennen. Auch den Begriff Industrie 4.0 hatte von den Mitarbeitern kaum jemand gehört. Das schien aber gar nicht so schlimm zu sein, denn bisher lief die Tischlerei außergewöhnlich gut, und man konnte sich vor Aufträgen gar nicht retten.

Die externen Industrie-4.0-Berater sahen das erwartungsgemäß anders und malten in düsteren Farben das Bild des bevorstehenden Bankrotts, sofern die Tischlerei nicht schnellstens das Zeitalter der Digitalisierung einläuten würde. Gleichzeitig beschrieben sie werbend ein Zukunftsbild der Tischlerei. Darin malten sie aus, was durch Einführung von Industrie 4.0 alles möglich sein würde: Bestellungen könnten über ein Online-Tool automatisch angenommen werden, die Auftragsabwicklung würde papierlos erfolgen, die Produktion wäre voll automatisiert, fahrerlose Transportsysteme würden die benötigten Bauteile durch die Tischlerei befördern, bei schweren Arbeiten würden Roboter die Mitarbeiter unterstützen, Azubis und neue Mitarbeiter könnten mithilfe von Augmented Reality – beispielsweise Computerbrillen, die in das normale Sehfeld Pfeile und Texthinweise hineinprojizieren – eingearbeitet werden, die Produktionsmaschinen wären alle miteinander vernetzt, und durch künstliche Intelligenz würden sich die Maschinen untereinander so koordinieren, dass kein Leerlauf in der Produktion einträte. Das so dargestellte Zukunftsbild klang für den jungen, erfolgreichen Inhaber der Tischlerei sehr verlockend. Denn die aufgezeigten Automatisierungen wären die Grundlage für die weitere Expansion und damit Zukunftssicherung des Traditionsunternehmens.

Als der Firmeninhaber seiner Belegschaft die Analyseergebnisse der Industrie-4.0-Berater vorstellte und die Möglichkeiten erläuterte, die eine Umstellung auf Industrie 4.0 mit sich bringen würde, reagierten die Mitarbeiter sehr unterschiedlich. Über die Absichten ihres Chefs, die Tischlerei zukunftssicher aufzustellen, waren sie sehr froh. Aber die Veränderungen, die die angedachte Umstellung mit sich bringen würde, ließen viele daran zweifeln, ob ein in dieser Weise automatisiertes Produktionsunternehmen überhaupt noch als Tischlerei erkennbar wäre. Mehrere Mitarbeiter äußerten Bedenken, ob für sie als traditionelle Tischler in einem Industrie-4.0-Unternehmen überhaupt noch Platz wäre. Andere Mitarbeiter reagierten optimistischer, denn sie erhoffen sich Arbeitserleichterungen durch die vorgestellten Pläne.

Neben dem Zukunftsbild für die Tischlerei hatten die Industrie-4.0-Berater auch einen Vorschlag, was getan werden musste, um das Familienunternehmen auf das Digitalisierungszeitalter auszurichten: Da weder der Firmeninhaber noch die Mitarbeiter bisher Erfahrungen mit Industrie 4.0 hatten, müssten zunächst einmal die Mitarbeiter qualifiziert werden. Und da diese Neuausrichtung das gesamte Unternehmen betreffen würde, sollten zunächst einmal alle Mitarbeiter ein paar Grundlagenschulungen bekommen, um die anstehenden Veränderungen verstehen und unterstützen zu können. Auf die Frage, ob denn durch die Digitalisierung Arbeitsplätze wegfallen würden, lautete die Antwort der Berater: »Einfache Tätigkeiten werden automatisiert und damit für die betreffenden Mitarbeiter entfallen.

Dafür werden die Arbeitsplätze aber mit Industrie-4.0-Aufgabenpaketen angereichert und Kapazitäten für weitere Aufträge werden frei. Wer sich also auf Industrie 4.0 einlässt, braucht keine Angst um seinen Arbeitsplatz zu haben, sondern wird auch in Zukunft gebraucht.«

Da dieser Ansatz plausibel klang, schickte der Eigentümer daraufhin seine Belegschaft in mehreren Gruppen zu Schulungen, in denen sie etwas über Digitalisierung lernen sollten, über das Internet der Dinge, über Big Data, künstliche Intelligenz und vieles andere mehr. Zurückgekehrt von den Industrie-4.0-Schulungen, waren die Reaktionen der Mitarbeiter gemischt. Einige Computerbegeisterte schwärmten von den gelernten Möglichkeiten. Andere waren mit dem Einzug der digitalen Welt in ihr Traditionshandwerk schlichtweg überfordert. Und der Rest der Belegschaft fand die Ideen im Prinzip ganz gut, konnte sich aber noch nicht vorstellen, wo ihr Platz in solch einer Industrie-4.0-Tischlerei sein sollte. Die Tischler, die ihren Beruf aus der Leidenschaft für die Handarbeit mit dem Werkstoff Holz gewählt hatten, befürchteten, dass Industrie 4.0 den gesamten Spaß an der Arbeit wegrationalisieren würde.

In den Wochen nach den Digitalisierungsschulungen sank die Motivation angesichts der bevorstehenden Veränderungen rapide ab. Die Zahl der eingereichten Krankenscheine erhöhte sich wie bei einer Grippewelle. Die Ausschussquote stieg, weil sich die Mitarbeiter nicht mehr auf ihre eigentliche Arbeit konzentrieren konnten, sondern nur noch über das Industrie-4.0-Szenario diskutierten und nachdachten. Drei Leistungsträger redeten inzwischen offen darüber, dass sie sich bei anderen, eher traditionsorientierten Tischlereibetrieben beworben hatten.

Dem jungen Eigentümer schien das Ruder seiner Tischlerei aus der Hand zu laufen. Die gut gemeinte Industrie-4.0-Ausrichtung hatte bisher nur zu Demotivation und chaotischen Zuständen geführt. Der Tischlermeister hatte alles richtig machen wollen und die Ratschläge der Industrie-4.0-Berater genau befolgt. Der Plan mit den Grundlagenschulungen hatte auch so plausibel geklungen. Dass nach diesen Schulungen die Motivationskurve derart rapide in den Keller gesunken war, hatte er sich nicht vorstellen können. Er konnte auch immer noch nicht verstehen, warum manche Mitarbeiter Angst vor Arbeitsplatzverlust hatten, oder warum Menschen keinen Spaß an Digitalisierung haben sollten.

Da erinnerte er sich an ein Gespräch auf der letzten Unternehmerkonferenz. Dort hatte er mit einem anderen Tischlermeister sprechen können, der bereits vor einigen Monaten angefangen hatte, sein Unternehmen auf Industrie 4.0 auszurichten. In dem Gespräch hatte das alles sehr entspannt geklungen, ohne Demotivation der Mitarbeiter und ohne Zukunftsängste. Vielleicht hatte dieser Tischlermeister auch andere Berater gehabt? Um von den Praxiserfahrungen dieses Tischler-Kollegen zu profitieren, rief er ihn umgehend an. Sein Berufskollege berichtete auch sehr bereitwillig. Die Schilderungen ähnelten sich zu Anfang sehr. Auch in diesem anderen Tischlereibetrieb war eine Industrie-4.0-Beraterfirma engagiert worden. Es waren ganz ähnliche Prozessanalysen durchgeführt und Möglichkeiten der Digitalisierung ausgelotet worden. Beim Einbinden der Mitarbeiter in diesen Veränderungsprozess war die andere Tischlerei jedoch gänzlich anders vorgegangen. Statt sofort flächendeckend alle Mitarbeiter in den Grundlagen der Digitalisierung zu schulen, wurde zunächst eine Affinitäten-Analyse durchgeführt. Auf deren Grundlage wurde daraufhin die Veränderung von Arbeitsplätzen besprochen. Es wurden ganz neue Organisationsstrukturen eingeführt und individuelle Entwicklungspläne erstellt – je nachdem, welche Aufgabe die einzelnen Mitarbeiter auf dem Weg zur digitalisierten Tischlerei haben würden. Auf die Frage nach dem Krankenstand, der Ausschussquote und dem Arbeitsklima konnte der Inhaber dieser anderen Tischlerei nur Positives berichten. Der junge Tischlermeister ließ sich noch die Kontaktdaten des Beraters für die Affinitäten-Analyse geben und bedankte sich für das sehr hilfreiche Telefonat.

Ein paar Tage später saßen der Inhaber der Tischlerei und der Affinitäten-Berater zusammen und sprachen die Ergebnisse der Industrie-4.0-Analyse durch. Der Affinitäten-Berater erläuterte, in welcher Weise das Affinitäten-Modell bei der Ausrichtung der Tischlerei auf Industrie 4.0 helfen könnte. Gemeinsam verabredeten sie daraufhin folgende Vorgehensweise:

1. Identifikation der erforderlichen Kompetenzen und der daraus abgeleiteten Rollen für die Umstellung der Tischlerei auf Industrie 4.0 und Erstellung der dazu passenden Affinitätenprofile.
2. Durchführung von Workshops mit den Mitarbeitern zum Affinitäten-Modell, um die Vorgehensweise für die Mitarbeiter transparent zu machen.
3. Erstellung von Affinitätenprofilen aller Mitarbeiter mit anschließender individueller Beratung für passende Einsatzfelder.
4. Zuordnung der Mitarbeiter zu den geplanten Arbeitsplatzprofilen auf Grundlage der Affinitätenprofile.
5. Erstellung und Umsetzung von individuellen Entwicklungsplänen.

Um keine Zeit zu verlieren, starteten Eigentümer und Affinitäten-Berater unverzüglich mit der Umsetzung ihres Plans. Auf Grundlage der vorhandenen Industrie-4.0-Analyse arbeiteten sie die wichtigsten Rollen und zugehörigen Kompetenzen für den Produktionsbereich heraus.

Auch wenn die Tischlerei bei der Einführung von Industrie 4.0 auf externe Unterstützung zurückgreifen würde, würde sie Insider brauchen, die das Unternehmen gut kannten, um bei der Entwicklung des Gesamtkonzepts die richtigen Impulse zu geben. Diese »Digitalisierungsvordenker« mussten sich das zukünftige Gesamtsystem der Produktionsprozesse vorstellen können, antizipieren, worauf es ankommen würde, wo Prozesshindernisse auftauchen könnten und wie alles ineinandergreifen müsste, damit es effizient funktionierte. Dabei sollten sie nicht nur die Materie Holz verstehen, sondern auch dessen Bearbeitungs- und Verarbeitungstechnologien mit klassischen Werkzeugen und Maschinen bis hin zu Robotern. Neben der *Materie-Affinität* sollten sie auch eine Affinität zu *Bildern* besitzen, um einerseits Prozesse visualisieren zu können und andererseits den Weg von Entwürfen über technische Zeichnungen hinein in Bedienermenüs an Bildschirmen bis hin zu CNC-gesteuerten Maschinen vordenken zu können. Um bei aller Technisierung den Menschen und damit die ergonomischen Anforderungen nicht aus dem Blick zu verlieren, brauchten sie auch die *Physis-Affinität*. Und weil die Digitalisierung nicht um ihrer selbst willen Einzug halten sollte, sondern auch zu Steigerung der Wirtschaftlichkeit vorgesehen war, war ein nicht geringes Maß an *Zahlen-Affinität* vonnöten, denn die Prozesse beinhalteten nicht nur *operative Zahlen*, sondern sollten auch gemessen werden, um die Produktivität transparent zu machen.

Das Affinitätenprofil für die Rolle dieses »Digitalisierungsvordenkers« kann mit diesen Überlegungen schnell erstellt werden:

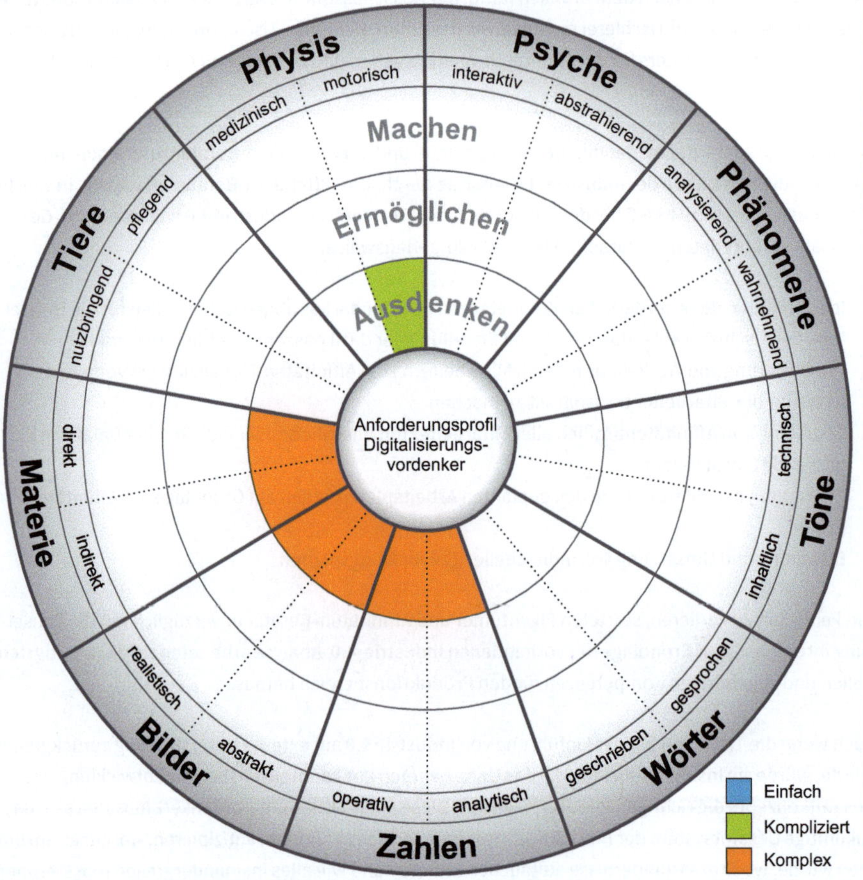

Abb. 23: Anforderungsprofil Digitalisierungsvordenker

Wenn ein Industrie-4.0-Gesamtkonzept entwickelt ist – egal ob groß oder klein – bedarf es noch einer anderen Rolle, um die Arbeit mit den digitalen Systemen zu ermöglichen. Bei dieser Rolle sind die Themen-Affinitäten nahezu identisch zu denen des Digitalisierungsvordenkers. Der Unterschied besteht hauptsächlich in der Arbeitsphasen-Affinität. Denn hier geht es nicht mehr darum, sich das Gesamtkonzept *auszudenken*, sondern es so einzurichten, vorzubereiten, zu konfigurieren, dass andere damit arbeiten können. Die Rolle dieses »Systemkonfigurators« ist dementsprechend darauf ausgerichtet, den Anwendern die Arbeit erst einmal zu *ermöglichen* und dann so leicht wie möglich zu machen. Die Visualisierung von Prozessen und Arbeitsanweisungen sowie die Konfiguration von Bedienermenüs und der Umgang mit technischen Zeichnungen für die Arbeit der CNC-gesteuerten Maschinen erfordern die *Bilder-Affinität*. Die *Zahlen-Affinität* ist beispielsweise relevant für das Messen von Durchlaufzeiten und anderen Kennzahlen. Natürlich spielt auch die *Physis-Affinität* eine Rolle, um die ergonomischen Aspekte umfänglich zu beleuchten. Und da im gesamten Bearbeitungsprozess Maschinen eine tragende Rolle bei der Bearbeitung des Materials spielen, ist natürlich die *Materie-Affinität* unerlässlich. Auch und gerade für den Einsatz von Robotern ist diese Affinität unverzichtbar. Für diese Rolle kann das Affinitätenprofil ebenfalls schnell erstellt werden.

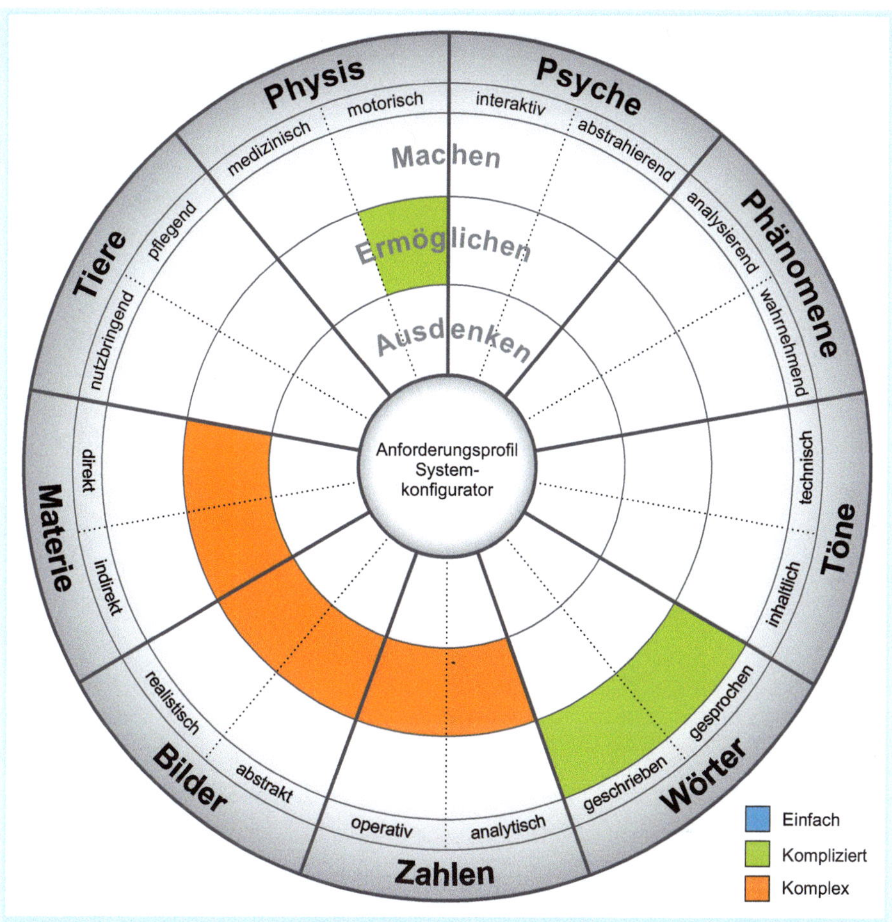

Abb. 24: Anforderungsprofil Systemkonfigurator

Neben dem Konfigurieren von Maschinen und Produktionsabläufen ist eine weitere *Ermöglicher*-Rolle wichtig, die dafür sorgt, dass Aufträge für die digitale Verarbeitung vorbereitet werden. Dieser »Auftragsvorbereiter« erstellt beispielsweise aus Zeichnungen von Kunden Daten, die von CNC-Maschinen gelesen und verarbeitet werden können. Das Affinitätenprofil dieser Rolle hat ebenfalls den Schwerpunkt in der Arbeitsphase *Ermöglichen* und kann sich dabei auf Zeichnungen und die wichtigsten Zahlen für Maße und Stückzahlen konzentrieren.

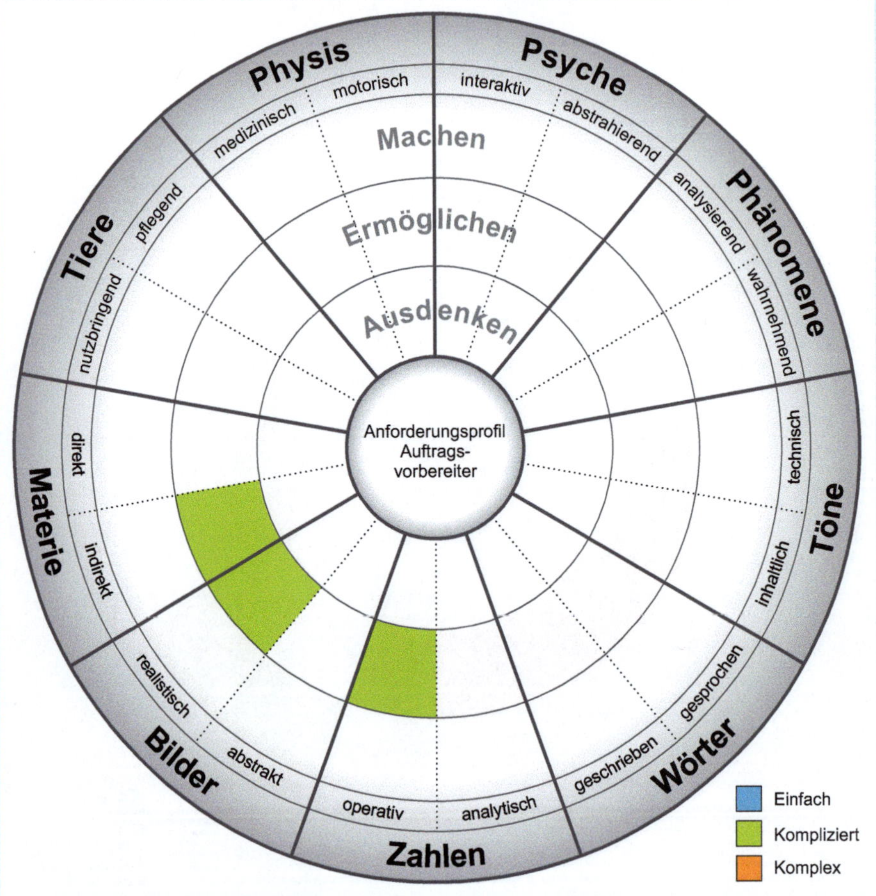

Abb. 25: Anforderungsprofil Auftragsvorbereiter

Um Mitarbeiter für die eigentliche Arbeit in der zukünftigen Industrie-4.0-Landschaft zu befähigen, ist eine weitere *Ermöglicher*-Rolle von grundlegender Bedeutung: der »Anwendungs-Trainer«. Er baut den Mitarbeitern die Brücke von der konventionellen in die digitalisierte Tischlerwelt. Ein IT-Verständnis allein reicht dafür bei Weitem nicht aus. Vielmehr erfordert diese Rolle eine Affinität zu menschlicher *Psyche*, um Befürchtungen zu nehmen und motivierend individuelle Entwicklungsprozesse zu begleiten. Auch wenn solche Schulungen meistens an den betreffenden Maschinen und Geräten stattfinden, muss der Anwendungs-Trainer gut erklären können – in erster Linie mit Worten, idealerweise aber auch durch Visualisierungen. Das Affinitätenprofil unterscheidet sich von den anderen Rollen, ist aber die Voraussetzung, um die Mitarbeiter für das Arbeiten in der Industrie-4.0-Tischlerei fit zu machen.

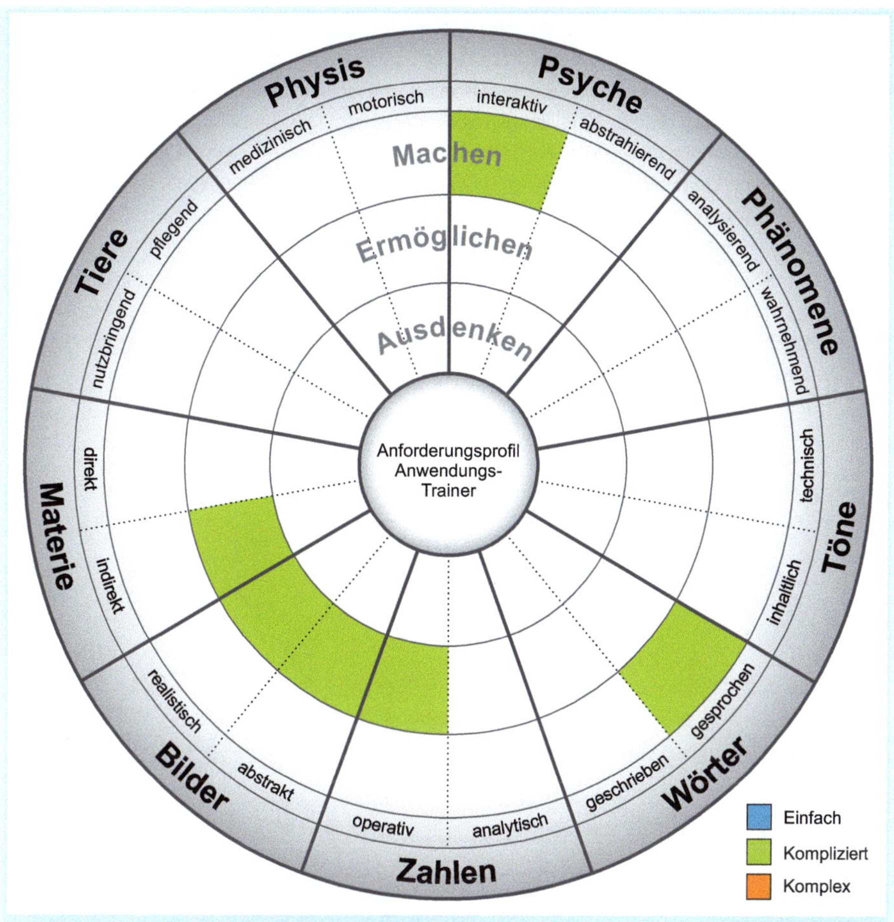

Abb. 26: Anforderungsprofil Anwendungs-Trainer

Während die bisher beschriebenen Rollen nur wenige Personen umfassen, betrifft die Rolle des »Industrie-4.0-Anwenders« die meisten Produktionsmitarbeiter. Dies ist üblicherweise die Rolle, die Industrie-4.0-Berater bei der Mitarbeiterqualifizierung hauptsächlich im Blick haben. Aber ohne die zuvor beschriebenen Rollen des *Ausdenkens* und *Ermöglichens* wird das Anwenden unstrukturiert und unkoordiniert stattfinden. Das Ergebnis ist nur allzu oft Demotivation, Fehlbedienungen und ein Absinken der Produktivität. Wenn aber das Industrie-4.0-Gesamtsystem gut ausgedacht und vorgedacht wurde und alle Voraussetzungen geschaffen wurden, die das Anwenden dieser Systeme ermöglichen, kann das volle Potenzial von Industrie 4.0 ausgeschöpft werden.

Das hierfür erforderliche Affinitätenprofil konzentriert sich hauptsächlich auf die Arbeitsphase *Machen*. Je nach Maschine oder Anwendungsfall kann der Komplexitätsgrad variieren. Die Bandbreite reicht von einfachen digitalisierten Eingabevorgängen, wie beispielsweise dem Einscannen oder Eingeben von Daten, bis hin zu umfangreicheren Bearbeitungsvorgängen wie sie bei mehrachsigen CNC-Maschinen für die dreidimensionale Bearbeitung zu finden sind. Neben der Affinität zur *Materie* Holz und zur *indirekten Materie* in Form der diversen Werkzeuge und Maschinen sollte der Industrie-4.0-Anwender weitere Affinitäten besitzen. Dazu zählt die Affinität zu *realistischen Bildern*, um Zeichnungen lesen zu können. Außerdem ist die Affinität zu *abstrakten Bildern* relevant, um Benutzermenüs auf Displays, Eingabemasken und anderen visuell aufgebauten Medien zu bedienen. Hinzu kommt die Affinität zu *Zahlen*, denn die meisten computergesteuerten Maschinen werden durch die Eingabe von Parametern, also Zahlen, gesteuert. Je umfangreicher der Einsatz von computergesteuerten Maschinen und Geräten an einem Arbeitsplatz ist, desto weniger Affinität zu *direkter Materie* ist erforderlich, weil Maschinen den Kontakt zum Material Holz übernehmen. Gleichzeitig braucht der Mitarbeiter ein höheres Maß an Affinität zu *indirekter Materie*, zu *Zahlen* und zu *abstrakten Bildern*, um die Maschinen und Werkzeuge über Bildschirme und Eingabemasken zu steuern. Diese Veränderung – weg von der direkten Materie und hin zur Maschinensteuerung – ist für viele Handwerker der größte Einschnitt. Denn wenn der Beruf aus Leidenschaft für das Material – in diesem Fall Holz – ergriffen wurde, rückt bei der Umstellung auf Industrie 4.0 die Beziehung zum Material immer mehr in den Hintergrund. Das Affinitätenprofil der Industrie-4.0-Anwender kann wie folgt dargestellt werden.

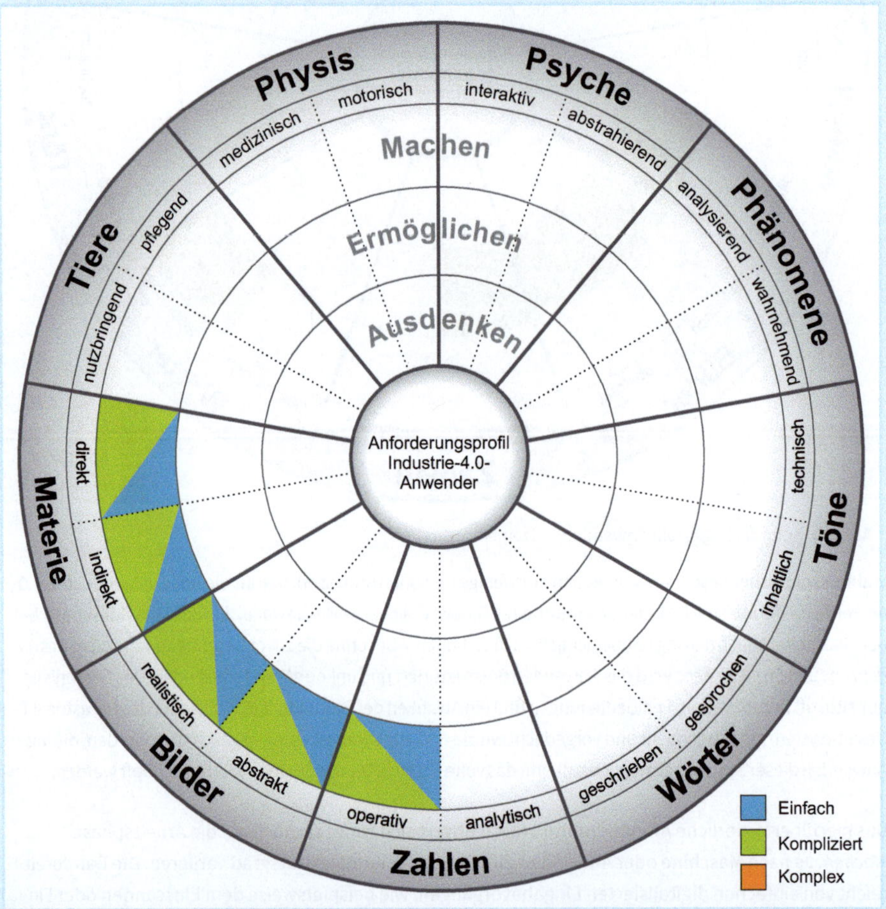

Abb. 27: Anforderungsprofil Industrie-4.0-Anwender

Neben den bisher beschriebenen Rollen braucht die Tischlerei aber immer noch die klassischen Tischler. Einerseits deshalb, weil die Umstellung auf Industrie 4.0 ein längerer Prozess ist und währenddessen die bisherige Produktion aufrechterhalten werden muss. Andererseits erfordert jedes materielle Produkt Menschen, die das Material – in diesem Fall die verschiedenen Holzwerkstoffe – auch ohne digitale Unterstützung verstehen. Gerade bei einem natürlich gewachsenen Rohstoff können nicht alle Materialeigenschaften, Faserverläufe, Wuchsrichtungen, Verfärbungen usw. von einem Roboter bewertet werden. Vielleicht ändert sich das in einiger Zeit, wenn die künstliche Intelligenz so weit entwickelt ist, dass sie die komplexe menschliche Beurteilung durch Computer ersetzen kann. Bisher ist das jedoch noch nicht der Fall. Stattdessen sind hier der Sachverstand und die Erfahrung von Tischlern gefragt, die mit ihren wichtigen Hinweisen die Verbindung und den Übergang zwischen traditioneller und computergesteuerter Bearbeitung gewährleisten.

Das Affinitätenprofil des klassischen Tischlers ist dem des Industrie-4.0-Anwenders sehr ähnlich. Beide brauchen natürlich eine Affinität zu *Materie*. Aber auch die *Bilder-Affinität* zum Verstehen von technischen Zeichnungen ist wichtig und ebenso die Affinität zu *Zahlen*, um Werkstücke zu messen und zu berechnen. Allerdings benötigt der klassische Tischler keine Affinität zu *abstrakten Bildern*, dafür aber mehr Affinität zu *direkter Materie*. Die Affinitäten zu den Komplexitätsgraden variieren je nach Arbeitsplatz und Aufgabe. Das Gleiche gilt für die Arbeitsphasen-Affinitäten. Bei der Restauration von historischen Möbeln werden der Komplexitätsgrad und der Anteil an *Ausdenken*-Tätigkeiten höher sein als bei der Serienfertigung einfacher Bauteile. Insofern beschränkt sich das Affinitätenprofil des klassischen Tischlers zunächst einmal auf die Themen-Affinitäten im *Machen* und kann bei Bedarf mit weiteren Angaben zu Komplexitäts-Affinitäten und Bearbeitungsphasen ergänzt werden.

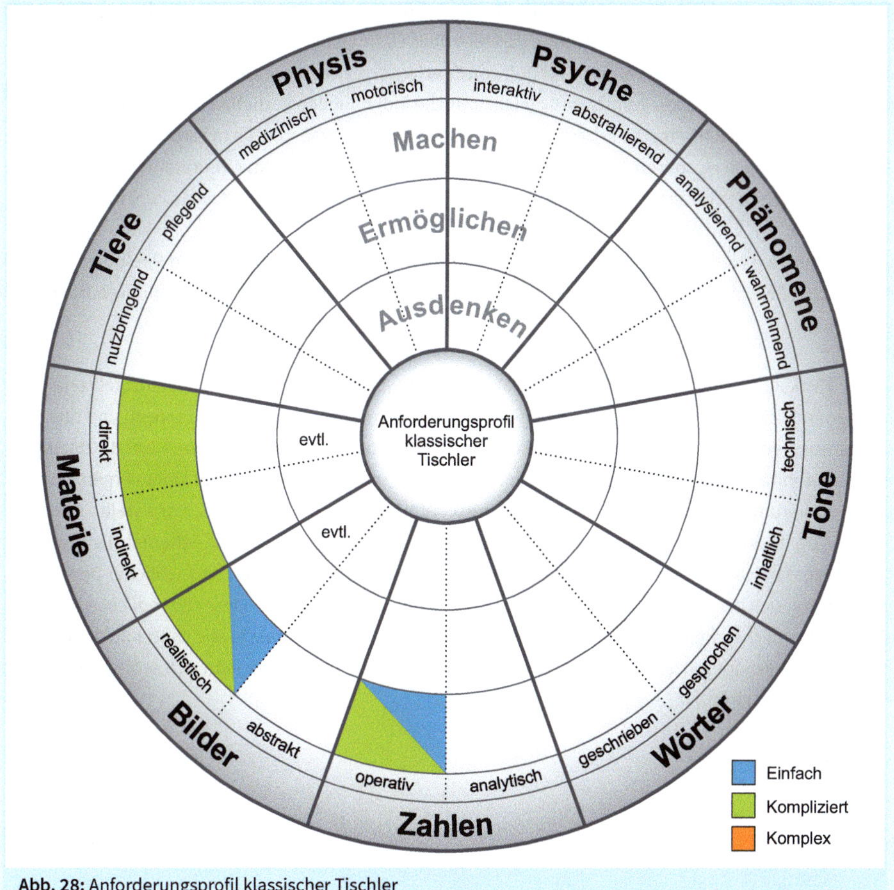

Abb. 28: Anforderungsprofil klassischer Tischler

Nachdem der Tischlereibesitzer und der Affinitäten-Berater diese Rollen mit ihren Kompetenzen und Affinitäten als die wichtigsten für die Umstellung auf Industrie 4.0 identifiziert hatten, ging der Firmeninhaber in Gedanken seine Mitarbeiter durch und überlegte, wer von ihnen zu welcher Rolle passen würde. Natürlich gab es noch weitere Rollen in der Tischlerei, aber diese fünf schienen vorerst die wichtigsten zu sein. Damit war der erste Punkt des Umsetzungsplans erledigt.

Als Nächstes stand der Workshop mit den Mitarbeitern auf dem Programm. Angesichts der bereits durchgeführten Digitalisierungsschulungen und der darauf ins Bodenlose gesunkenen Motivationskurve war es nicht so leicht, die Belegschaft für einen gemeinsamen Workshop zu begeistern. Zu groß waren die Befürchtungen, dass es dabei nur um die Verkündung weiterer radikaler Digitalisierungsmaßnahmen gehen würde. Die Bereitschaft zur Teilnahme am Mitarbeiter-Workshop stellte sich jedoch ein, als der Eigentümer der Tischlerei seinen Mitarbeitern glaubhaft zu verstehen gab, dass die Digitalisierungsschulungen ein unüberlegter Schnellschuss gewesen waren. Dass beim Workshop die Mitarbeiter und ihre Interessen im Mittelpunkt stehen würden, nahmen viele Mitarbeiter eher skeptisch auf. Doch schließlich vertrauten sie ihrem Chef, der für seine wertschätzende und menschenzugewandte Art bekannt war.

Der Tag des Workshops kam, und die Mitarbeiter waren überrascht, dass sie nicht wieder mit Digitalisierungsthemen überschüttet wurden, sondern dass es zunächst um sie selbst gehen sollte. Der externe Berater stellte das Affinitäten-Modell vor. Er erläuterte, wie dieses Modell bei der Neuausrichtung auf Industrie 4.0 helfen konnte und gleichzeitig die individuellen Vorlieben und Affinitäten der Mitarbeiter berücksichtigte. Die Erleichterung in der Belegschaft über diesen mitarbeiterorientierten Ansatz war förmlich zu spüren. Nachdem sich auch der Firmeninhaber zum Affinitäten-Modell als neuem Ansatz in der Unternehmensausrichtung vor den Mitarbeitern bekannt hatte, war das Eis endgültig gebrochen, und es stellt sich so etwas wie eine positive Erwartungshaltung ein. Anhand von etlichen Beispielen schilderte der Berater, wie Affinitätenprofile von Stellen und Personen ermittelt und wie durch einen Profilabgleich passende Stellen und Mitarbeiter zueinandergebracht werden.

Als die Workshopteilnehmer das Affinitäten-Modell im Wesentlichen verstanden hatten, stellten der Berater und der Firmeninhaber gemeinsam die für Industrie 4.0 relevanten Kompetenzen und die daraus abgeleiteten fünf Rollen vor, die bei der Umsetzung maßgeblich sein sollten. Über die dazugehörigen Affinitätenprofile wurde anschließend in Kleingruppen diskutiert. Bis auf kleine Ergänzungen und Präzisierungen der Profile gab es in der Mannschaft breite Zustimmung. Allerdings stellte sich im Rahmen der Diskussionen heraus, dass noch die Rolle des Ausbildungstischlers – ehemals Lehrmeister – vergessen worden war. Diese Rolle wurde dann noch zusätzlich definiert. In sachlicher Diskussion wurden sich die Tischler schnell einig, dass der Schwerpunkt dieser Rolle im *Ermöglichen* liegen sollte und zunächst die klassischen Tischlerkompetenzen beinhalten musste, die später auch mit Industrie-4.0-Kompetenzen angereichert werden würden. Gemeinsam war man sich schnell über das Affinitätenprofil einig.

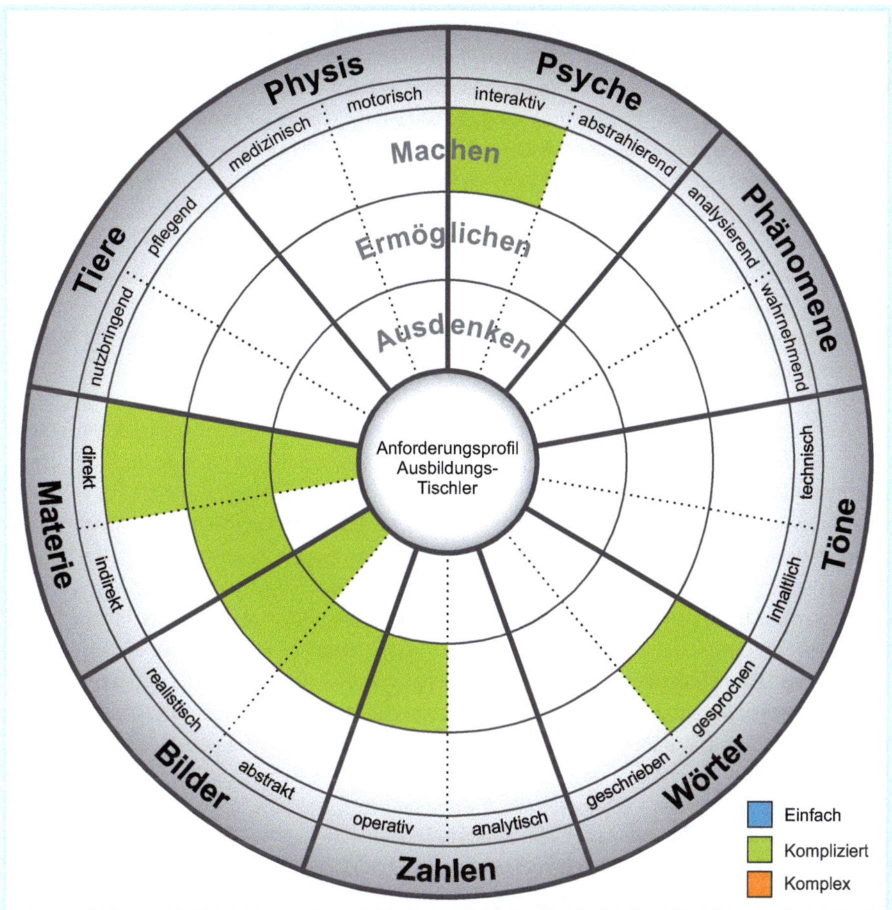

Abb. 29: Anforderungsprofil Ausbildungs-Tischler

Zum Abschluss des Workshops kündigte der Firmeninhaber an, dass in den folgenden Wochen von jedem Mitarbeiter ein persönliches Affinitätenprofil erstellt werden sollte. Aufgrund des sehr positiv verlaufenen Workshops brauchte es dafür keine Überredungskunst. Im Gegenteil, alle waren neugierig, endlich ihr eigenes Affinitätenprofil zu ermitteln, um zu sehen, welche der inzwischen sechs identifizierten Industrie-4.0-Rollen am besten zu ihnen passen würde.

In den darauffolgenden Wochen konnten die Mitarbeiter kaum ihren persönlichen Termin für die Ermittlung ihres Affinitätenprofils abwarten. Nachdem die ersten Mitarbeiter ihre Profile in den Händen hielten, bekamen die Diskussion und der Austausch über die einzelnen Affinitätenprofile eine motivierende Eigendynamik. Manche Mitarbeiter waren über ihr eigenes und über die Affinitätenprofile ihrer Kollegen verwundert. Andere hatten bereits nach dem Workshop die richtige Vorahnung gehabt. Es gab Bestätigungen, aber auch Überraschungen. Bei alledem gingen den Mitarbeitern so manche Lichter auf, warum sie mit einigen Kollegen lieber zusammengearbeitet hatten als mit anderen. Der positive Nebeneffekt war, dass der Blick weg von persönlichen Befindlichkeiten und hin zu Vorlieben, Kompetenzen und Affinitäten gelenkt wurde.

Als alle Affinitätenprofile vorlagen, beratschlagten Inhaber und Affinitäten-Berater, wie diese Profile am besten auf die sechs identifizierten Industrie-4.0-Rollen passen könnten. Wie erwartet, war der Anteil der Mitarbeiter, die zum Affinitätenprofil »klassischer Tischler« passten, am höchsten. Alles andere wäre auch verwunderlich gewesen. Dagegen war der recht hohe Anteil der Mitarbeiter mit der *Ermöglichen*-Affinität nicht absehbar gewesen, weil diese Affinität nicht zwangsläufig bei Tischlern vorausgesetzt werden kann. Der Grund für das Vorhandensein dieser *Ermöglichen*-Affinität war der hohe Anteil an Tischlern, die früher als Ausbilder tätig gewesen waren und denen es immer noch Spaß machte, andere zu befähigen. Ebenfalls überraschend war die hohe Anzahl der Mitarbeiter, die sich für die Anwendung digitaler Geräte begeistern konnten. Diese Affinität hatte jedoch weniger mit ihrer bisherigen Berufserfahrung als Tischler zu tun, sondern mehr mit Inhalten ihrer Freizeitgestaltung. Dass Letzteres ein wichtiger Baustein auf dem Weg zur Industrie-4.0-Tischlerei sein sollte, war den wenigsten bewusst gewesen.

Am meisten Kopfzerbrechen bei der Stellenzuordnung hatte dem Tischlereiinhaber die Rolle des Digitalisierungsvordenkers gemacht. Die Affinitäten-Analyse hatte aber zur Überraschung einen Mitarbeiter in den Fokus gerückt, den niemand für diese Rolle auf dem Schirm hatte. Es war ein Tischlermeister in den mittleren Jahren, der durch einen Arbeitsunfall nicht mehr in der Lage war, die praktischen Tischlertätigkeiten auszuführen. Nach seinem Arbeitsunfall vor einigen Jahren hatte er die Buchhaltung der Tischlerei übernommen. Von seinem Bürofenster aus konnte er die gesamte Tischlerei überblicken und hatte sich schon oft Gedanken über Optimierungsmöglichkeiten gemacht. Durch die fehlende praktische Anbindung hatte er bisher jedoch kaum Gelegenheiten gefunden, seine Ideen einzubringen. Und wenn er eine gute Idee vorgestellt hatte, war sie für die anderen zu abgehoben, zu unrealistisch gewesen, sodass er von vielen als Theoretiker angesehen worden war. Dass genau diese Überblicks- und Vordenkerfähigkeiten bei der Einführung von Industrie 4.0 dringend gebraucht wurden, empfanden sowohl er als auch der Inhaber der Tischlerei wie einen Lottogewinn. Nachdem diese Rollenbesetzung auch den anderen Mitarbeitern mitgeteilt worden war, ging ihnen ein Licht auf. Aber erst durch das Affinitäten-Modell konnten sie nachvollziehen, dass das, was sie als theoretische Denkspiele abgetan hatten, nur deshalb auf so wenig Verständnis bei ihnen gestoßen war, weil sie unterschiedliche Arbeitsphasen-Affinitäten hatten.

Die Rolle des Industrie-4.0-Systemkonfigurators übernahm ein ehemaliger Azubi, der seine Tischlerausbildung kurz vor den Prüfungen abgebrochen hatte und inzwischen eine IT-Ausbildung absolvierte. Bisher war er für die Computer in den Büros zuständig gewesen und freute sich nun, eine wichtige Industrie-4.0-Rolle übernehmen zu können. Denn eigentlich fehlte ihm der Bezug zur Praxis, und er hatte seine Tischlerausbildung nur deshalb abgebrochen, weil es durch den direkten Hautkontakt mit den Holzwerkstoffen zu gesundheitlichen Problemen gekommen war.

Für die Rolle des Industrie-4.0-Auftragsvorbereiters kamen gleich mehrere Mitarbeiter in Betracht, die auch bisher schon Kundenaufträge teilweise mit CAD-Programmen am Computer bearbeitet hatten. Die Verbindung zu CNC-gesteuerten Maschinen war aufgrund der fehlenden Ausstattung in der Tischlerei aber bisher die Ausnahme gewesen. Insofern konnten die bislang nur punktuell eingesetzten Affinitäten nun weiter ausgebaut und in ein ganzheitliches Digitalisierungskonzept eingebettet werden, was die betreffenden Mitarbeiter motivierte.

Nachdem alle Profile zugeordnet und mit den Mitarbeitern besprochen worden waren, stellte sich große Erleichterung und Zufriedenheit in der Belegschaft ein. Es zeigte sich, dass die anfängliche Demotivation für die Digitalisierung der Tischlerei und deren Umstellung auf Industrie 4.0 weniger ein Problem der fehlenden Affinitäten gewesen war. Vielmehr hatte einfach das Verständnis vom Zusammenhang zwischen den eigenen Affinitäten und den Anforderungen von Industrie 4.0 gefehlt. Auch wenn der eine oder andere Mitarbeiter sich für die Arbeit am PC oder mit anderen elektronischen Medien begeistern konnte, waren die Begriffe »Digitalisierung« und »Industrie 4.0« so übermächtig erschienen, dass sie eher lähmten, statt Begeisterung auszulösen. Das Affinitäten-Modell hatte geholfen, die »großen« Begriffe in überschaubare und damit verdauliche Häppchen zu zerlegen, die für die Mitarbeiter greifbar waren.

Natürlich war die Zuordnung der Industrie-4.0-Rollen erst der Anfang der Neuausrichtung des Unternehmens. Auch waren damit noch nicht zwangsläufig alle Kompetenzen vorhanden. Aber die Kenntnis des Affinitäten-Modells und die affinitätenorientierte Zuordnung der Rollen ließen es die Mitarbeiter nachvollziehen, warum jeder Einzelne seine jeweilige Rolle erhalten hatte, und warum die Unterschiedlichkeit der Mitarbeiter in ihren Affinitäten so wichtig war, damit das Gesamtkonzept funktionieren konnte. Mit dieser Erkenntnis und einem gemeinsamen Bild der Zukunft ihrer Tischlerei machten sich die Mitarbeiter hoch motiviert auf den Weg. Sie absolvierten Schulungen, die zu ihren Affinitäten passten. Das beschleunigte ihre Kompetenzentwicklung, machte ihnen Freude, und sie konnten den Erfolg ihrer Lernfortschritte selbst kaum fassen. Das Wissen wurde weitergegeben, es wurde *ausgedacht*, *ermöglicht* und *gemacht*. Und schon bald war aus der traditionsbewussten Tischlerei ein erfolgreiches Industrie-4.0-Unternehmen geworden, in dem das traditionelle Handwerk mit modernen Arbeitsformen Hand in Hand funktionierte, und in dem jeder Mitarbeiter seinen Platz gefunden hatte, dessen Arbeit ihm Spaß machte, weil sie zu seinen Affinitäten passte.

4 Ausblick

Angenommen, das Affinitäten-Modell wäre in Unternehmen, Non-Profit-Organisationen und anderen Einsatzfeldern ein Standardwerkzeug für Personalentwicklung und Personalentscheidungen, wie viel einfacher wäre es dann, Entscheidungen über Karrierewege und Stellenbesetzungen richtig und transparent zu treffen? Wie viele Konflikte und Spannungen aufgrund falscher Erwartungshaltungen könnten vermieden werden? Wie viel Zeit würde frei werden, die nicht mehr für das Beheben von Fehlentscheidungen eingesetzt werden müsste, sondern nutzbringender verwendet werden könnte? Wie sehr würde die Zufriedenheit von Mitarbeitern mit ihren Tätigkeitsfeldern und Arbeitsweisen steigen? Kaum vorstellbar, was möglich wäre, wenn Menschen den größten Teil ihrer Arbeitszeit mit Tätigkeiten verbringen würden, die ihnen liegen und Spaß machen.

Angenommen, das Affinitäten-Modell würde bereits *während* oder sogar schon *vor* der Berufsausbildung und *vor* dem Studium vermittelt werden. Angenommen, jeder hätte ein eigenes Affinitätenprofil und würde diesen persönlichen Affinitäten-Fingerabdruck kennen und interpretieren können. Wie viele Ausbildungs- und Studienabbrüche könnten vermieden werden? Stattdessen gäbe es eine zielgerichtete, individuell passende Auswahl der Bildungs- und Berufsausrichtung. Die Entwicklung der eigenen Kompetenzen wäre nicht nur effektiv, sondern würde auch Spaß machen. Und die Absolventen der jeweiligen Berufsrichtungen hätten nicht nur ein Zertifikat in der Tasche, sondern würden auch eine Berufung verspüren, weil sie merken, dass sie einen Beruf gewählt haben, der zu ihnen passt.

Angenommen, das Affinitäten-Modell wäre die Grundlage für Stellenausschreibungen. Wie sehr würde das die gegenseitige Suche von Arbeitgebern und Arbeitnehmern vereinfachen? Beide Seiten könnten sich den Aufwand für verklausulierte Stellenanzeigen und Bewerbungsunterlagen sparen. Stattdessen würden Stellenbesetzungen und berufliche Neuausrichtungen wie die zielgerichtete Suche nach dem passenden Puzzleteil verlaufen.

Natürlich kann auch das Affinitäten-Modell nicht alle Personalprobleme lösen. Aber es kann vieles vereinfachen, Zeit und Enttäuschungen sparen, Umwege vermeiden und helfen, gleich die richtigen Entscheidungen zu treffen.

Literatur

Belbin, R. Meredith: Team Roles at Work, 2. Aufl., Oxford, 2010.

Buckingham, Marcus und Clifton, Donald O.: Entdecken Sie Ihre Stärken jetzt! Das Gallup-Prinzip für individuelle Entwicklung und erfolgreiche Führung, 5. Aufl., Frankfurt am Main, 2016.

Brodbeck, F. C. und Mendius, M.: Erfolg dank Wirtschaftspsychologie? Chancen und Herausforderungen, in: Wirtschaftspsychologie aktuell 1/2010, S. 18.

Die Bibel nach Martin Luthers Übersetzung, revidiert 2017, © 2016 Deutsche Bibelgesellschaft, Stuttgart.

Gardner, Howard: Intelligenzen. Die Vielfalt des menschlichen Geistes, 3. Aufl., Stuttgart, 2008.

Grundl, Boris und Schäfer, Bodo: Leading Simple. Führen kann so einfach sein, Offenbach, 2007.

Howard, Pierce J. und Mitchell Howard, Jane: Führen mit dem Big-Five-Persönlichkeitsmodell. Das Instrument für optimale Zusammenarbeit, Frankfurt/New York, 2002.

Joerin Fux, Simone: Persönlichkeit und Berufstätigkeit. Theorie und Instrumente von John Holland im deutschsprachigen Raum, Göttingen, 2005.

Kanning, Uwe Peter und Kempermann, Hang (Hrsg.): Fallbuch BIP. Das Bochumer Inventar zur berufsbezogenen Persönlichkeitsbeschreibung in der Praxis, Göttingen, 2012.

Lencioni, Patrick: Mein Traum-Team. Oder die Kunst, Menschen zu idealer Zusammenarbeit zu führen, 2. Aufl., Frankfurt/New York, 2008.

Malik, Fredmund: Führen, Leisten, Leben. Wirksames Management für eine neue Welt, Frankfurt am Main, 2014.

o. V.: Beitrag in: Zeitschrift Personalführung, Herausgeber: Deutsche Gesellschaft für Personalführung e. V., 10/2018, S. 9.

Reiss, Steven: Das Reiss Profile. Die 16 Lebensmotive, Welche Werte und Bedürfnisse unserem Verhalten zugrunde liegen, Offenbach, 2009.

Riemann, Fritz: Grundformen der Angst. Eine tiefenpsychologische Studie, 36. Aufl., München, 2003.

Rohr, Richard und Ebert, Andreas: Das Enneagramm: Die 9 Gesichter der Seele, 46. Aufl., München, 2010.

Seiwert, Lothar und Gay, Friedbert: Das 1 × 1 der Persönlichkeit. Sich selbst und andere besser verstehen mit den Verhaltensstilen Dominant (D), Initiativ (I), Stetig (S) und Gewissenhaft (G), 20. Aufl., Remchingen, 2012.

Senge, Peter M.: Die fünfte Disziplin. Kunst und Praxis der lernenden Organisation, Stuttgart, 2008.

Stiefel, Rolf Th.: Lektionen für die Chefetage. Personalentwicklung und Management Development, Stuttgart, 1996.

Stricker, Max, Liebenow, Doreen und Nachtwei, Jens: Qualität in der Kompetenzmodellierung – Entwicklung eines Kriterienkatalogs zur Erstellung des Bechmarks für Kompetenzmodellierung und -modell (BeKom), in: ZeE-Publikationen, Reihe Empirische Evaluationsmethoden, Band 21, Workshop 2016, Herausgegeben vom Zentrum für empirische Evaluationsmethoden e. V., Berlin 2017. Zugriff am 14.08.2018 auf https://www.researchgate.net/publication/320444102_Qualitat_in_der_Kompetenzmodellierung_-_Entwicklung_eines_Kriterienkatalogs_zur_Erstellung_des_Bechmarks_fur_Kompetenzmodellierung_und_-modell_BeKom.

Vogel, Ulrich: Profilingvalues: Handbuch. System, Anwendungen und Interpretation des Reports, Santa Cruz de Tenerife, 2018.

Stichwortverzeichnis

Über den Autor

Manuel Schuchna ist studierter Architekt und Theologe und verbindet damit in seinem Tätigkeitsspektrum die wirtschaftlich-technischen Belange mit den menschen- und werteorientierten Aspekten.

Die Personaldiagnostik bildet nicht nur einen Schwerpunkt seiner Tätigkeit, sondern ist auch persönliches Interesse. Seine Begeisterung für Personalentwicklung konnte er in zahlreichen Praxisfällen anwenden. Damit verbunden sind seine langjährigen Erfahrungen mit unterschiedlichsten Personalthemen im Non-Profit-Bereich und in der Industrie. Besonderen Wert legt er dabei auf ganzheitliche Konzepte, bei denen unterschiedliche Prozesse und Instrumente effektiv aufeinander abgestimmt sind.

Sein Ziel ist es, Menschen zu helfen, sich und ihre Affinitäten, Kompetenzen und Stärken zu reflektieren und zu erkennen, um so in den dazu passenden Tätigkeitsfeldern erfolgreich zu sein.

Kontakt für Beratungsanfragen

E-Mail: info@schuchna.de